瞬間改變氣氛的對話技術

一流ファシリテーターの空気を変えるすごいひと言

冷場、爭執、對立、找碴、
說不停、離題、無共識……
怎麼讓場面回暖，
產生有結論的溝通？

獲得 CEE 認證的全球職涯發展師、
幫助超過三萬人改善溝通
中島崇學——著
郭凡嘉——譯

目錄

第三章 一開口，瞬間獲得信賴 077

第四章 離題、沒結論……怎麼拉回來？ 111

推薦序

好的溝通，需要信賴、尊重與認同

薩提爾模式溝通引導講師／李崇義

過去十幾年在職場裡，我常常帶著反感參與會議。主要原因是，老闆或是負責主持的主管，很長時間在開會時進行發散式的討論，導致每次開會的議題往往變成毫無效益的「參考題」，眾人的發言多數時候得不到有效的共識。

一場一個小時就能結束的會議，十之八九過了兩、三個小時都還沒有結論，更多時候是會議主持人（尤其是主管）大發議論之詞，宛如把開會當成個人演講場合，弄得參與者眼神渙散，自顧自的看著筆電或是手機，根本無心開會。

開會或團體討論時，最常聽到主管在會議室裡鼓勵大家勇於發言、說什麼都可以，可是下面的人像有默契一樣，個個閉口不語，這時主管還會不悅的指責與會人員：「怎麼大家都沒有意見？」

其實不是沒意見，而是大夥兒沒有安全感。我也明白主管希望大家發言的用意，但參加成員的過去經驗通常不太好，他們本以為可以暢所欲言，但講出來的話卻得不到主管的認同。

在《瞬間改變氣氛的對話技術》裡，我發現了為什麼以前在會議裡的溝通，總是冗長、毫無效率。作者在前言提到氣氛好的四個良性循環，包括：

- 出現對話的投接球。
- 有安全感。
- 提升士氣和動力。
- 有了信賴，更能聽進對方的話。

這些提醒都切中團體溝通的要害，畢竟一個好的會談基礎，如果少了這四個要素，就會陷入各說各話，彼此無法融入對方想表達的情境裡。

本書提到作者多年的職場經驗及自身作為職涯發展師的技巧，羅列不少我們在團體溝通時會踩到的地雷，藉此提醒讀者盡量避免NG的談話方式，也在書中提供許多正向的談話策略。

例如作者說，自己狀態不佳時，若能先誠實表達，再接上正向鼓勵的話語，聽起來就會讓人感到振奮，並且能同理。比如，我們可以說：「昨天我有點睡眠不足，不過當我看到大家，整個精神都來了。」

一場好的會議或是團體溝通，有賴於彼此信賴、尊重以及認同，這些都是薩提爾模式（按：一種心理治療模式，注重個體的情感表達和自我認知）裡談到的渴望層次。除了能在溝通時傳遞重要訊息外，最關鍵的是能讓團隊感到「我被理解了」，這是在冰山的水平面之下互相連結的高級技巧。

我在本書看見了作者運用諸多讓團隊連結的方式，也給讀者許多可供實戰練習的明確方針。

前言

氣氛是好是壞，一句話決定

在商務場合上，許多人都會碰到這些煩惱：

「明明是一對一談話，對方卻不願對我敞開心房。」

「我很不擅長與人對話，希望用電子郵件溝通。」

「不只主管，就連同事，我也覺得很難了解彼此。」

「不喜歡線上會議。」

「被指派要負責主持講座或會議，心情很沉重。」

「開會太浪費時間。」

「不習慣跟人開會。」

「面談的氣氛真令人尷尬。」
「好多沒有意義的會議。」
「部門協商時，都是主管在發言……。」
「下次換我負責主持讀書會，壓力好大。」

但既然是工作，我們就無法避免與他人溝通。那麼，究竟該如何克服才好？為了幫助有這些煩惱的商業人士，本書會介紹各種情境下該說的話，例如，在眾人緊張、氣氛委靡時，如何一開口就能提振士氣，並補充簡潔扼要的說明。

這些建議都有心理學、組織科學支持及教練背書，再加上我長年擔任引導師（按：Facilitator，以第三者的觀點，從旁協助〔用引導或促成的方式〕讓事情發生）累積的經驗，所統整出來的。

我在日本電氣（按：日本資訊科技公司，簡稱日電或NEC。經營範圍主要分成三個部分：提供IT解決方案、網路解決方案和電子裝置）工作多年，在職期間，我開了一間非營利組織培訓補習班。不知從什麼時候開始，大家都叫我「首領」，漸漸的，這個稱呼聽起來比我的本名還自然。

我還是上班族時，經常受託擔任主題為「以主管為對象，分享願景」、「與三千人對話」等創新型會議的主持人。由於獲得不少好評，我陸續收到其他公司的邀約，累積越來越多主持經驗。

我在NEC負責人事部和廣告部的工作，因此擔任主持人、引導師，可說是公司公認的「副業」。

之後我被派到公司旗下專門提供研習課程的關係企業中，以主持人、引導師為主業後，我完全迷上了改變會議、談話內容、人和組織的溝通方式。

我很擅長把商業場合改變為最佳的溝通場合。所以我逐漸認為，可以利用這份能力來幫助更多公司，因此我離開NEC並建立共創Academy公司。其主要業務，是讓人與組織之間的溝通更順利圓滿，在既有的培訓補習班和其他非營利組織的活動上，我認識許多夥伴，一起工作。回顧過往，已超過三萬人透過研習和講座，和我一起學習。

在本書中，我想和讀者分享實際上讓人覺得「真的有用！」的話語，以及其中的思考模式。只要一句話就能改變當下的氣氛——這是我真實的體驗，希望讀者能和我體會到相同的感動。

我們在日常生活中有各式各樣的煩惱，大多數是來自人際關係（奧地利著名心理學家阿德勒〔Alfred Adler〕，甚至說這是所有的煩惱）。

而**這些人際關係的煩惱究竟是來自哪裡？其實就是對話。**

「他為什麼要說這種話？」、「你憑什麼這樣說我！」**怎麼說、怎麼回，都會影響人際好壞。**

我們的話語具有影響力，根據說的內容，產生不同的未來。也就是說，同樣的意思，只要換句話說，就能改變當下氣氛、人際關係、感情、動力、行動和結果。

主持人、引導師並非司儀

如前文所說，書中介紹的知識和方法，來自於我擔任主持人、引導師時的經驗。在正式進入主題前，我先稍微說明一個前提——主持人、引導師並非司儀。

引導師的原文「Facilitator」有各式各樣的翻譯，一般來說，都被認為是「能讓會議順暢進行的人」。因此，非常多引導師會將焦點放在「應該要做的事」上，例如：

- 「順序很重要。部長先發言，接著從課長到負責人……。」
- 「在Q&A階段，如果讓那個很愛講話的人占用太多時間，就糟了。」
- 「要想辦法讓年輕人發表意見。」
- 「除了上層，其他人都很討厭開會，所以儘早結束會議比較好。」

他們認為主持人的工作，是順利解決上述問題。不過實際上，被稱為一流的主持人或引導師，幾乎都不會把焦點放在應該做的事上，而是關心如何製造良好的氣氛，以達成以下效果：

- 讓所有人都能自由發言。

- 讓與會者能相互尊重、信賴。
- 不需要指揮，大家都能主動行動。
- 即使會議或對話結束，眾人互動仍有如參加團體活動般熱絡。

只要氣氛良好，參加者自然會對話。只要開始談話，就會溝通，透過溝通以引導出共同結論。當然，一定會出現某些人有不同意見，但只要能讓他們好好的表達想法，覺得自己受到尊重，那麼他們就可能認為：

- 「在這裡可以提出各種意見，而且每個人都會注意聽。」
- 「那個人的想法真有趣。」
- 「感覺很開心。」
- 「大家想出了一個很好的點子，而我也是其中的一分子。」

如此一來，對方還能獲得成就感和充實感，進而認同、接受結論。

氣氛好帶來的四個良性循環

●出現對話的投接球

「如果可以好好的討論就好了。」或許很多人都這麼想，但其實這並非易事。因為誠懇的聽對方說、認真了解想法、打從心裡做出回答等，要做到這些正向對話，必須先製造溫暖氣氛。若用批判、命令或是粗言惡語，只會讓關係變得冰冷。

●有安全感

這點是指「令人安心的場所」、「就算被批判也不須擔心」、「這裡讓我有歸屬感」的情感。心理安全感很強的團隊或組織，生產力往往比較高，這已經是經過證實的事實了。

而且在這樣的團體中，成員們經常交談。

●提升士氣和動力

好好傾聽，如果出現疑問，只要提問，就可得到解答、正確理解目的，士氣和動力因此提升，能無後顧之憂的進行挑戰。

●有了信賴，更能聽進對方的話

在團體中，如果每個人都能享受對話傳接球的樂趣，心情會更愉悅、相互信賴，會覺得彼此是友好的人，進而產生這些想法：「因為對方會好好聽我說話，所以我也會仔細聽他說」、「較能接受好好對待我的人說的話」、「因他能理解我，所以他講的內容較能深入我心」。

活用你的正向情緒

本書的意圖並非打造出「很會說話的人」，所以，我不會教你怎麼用巧妙的話語來操縱人心，而是把重點放在自己的內心。

我相信沒有人生性本惡，所有人必定有溫暖、正向、為他人著想的心，想和他人友好共存。

但可惜的是，我們明明內心良善，卻沒有辦法充分表現出來，有時候還會被誤解，讓狀況變糟。至少我就是如此。在主持過程中，我累積了無數失敗，並在失敗中不斷試錯。

基於這些經驗，我想對各位說，與人溝通時，記得要活用正向語言，並帶著毫無掩飾的心，例如積極對話；討論時，做好準備溝通；抱著與同事組成一個優良團隊的想法；帶著和周圍的人共同度過愉快時間的念頭等。

我希望本書能協助你活用這種想法，改變對話氣氛，讓溝通更順暢。

好緊張喔。
我也是。
我、
我也是。

第一章

怎麼對話不冷場？

初次見面的人聚在一起時，氣氛很尷尬；會議剛開始時，總是沉默、冷場。
大家互相猜想，不知道該由誰先發言。
針對這些情境，本章將介紹和緩氣氛的話語。

1 先跟自己對話

相信拿起本書的你，一定不是「我最喜歡說話，也很擅長跟別人開會！」這種類型。而是不擅長對話，卻總碰到非說不可的情況，例如：

- 與不熟的人開會。
- 成為會議的主持人。
- 負責主持線上會議。
- 要和客戶協商。
- 接受面試。
- 擔任聯歡會的司儀。

這時的重點在於要考量當下氣圍，並意識到自己必須多下功夫，用一句話來轉換氣氛。一般來說，談話對象可分成三種：

- 對方：對著一個人說話。
- 全體：向當場多數人開口。
- 自己：跟自己說一句話。

我們首先需要意識的，是自己。

如果有人緊張到全身僵硬，心想：「不知道要說什麼才好……。」那麼，就算他拚命對其他人說一些緩和氣氛的話，也毫無效果。

我們先舉個例子：在飛機起飛前，空服人員會說明在遇到緊急狀態時，該怎麼應對：「請戴上氧氣面罩。」一面對帶著小孩子的乘客時，則會說：「替孩子戴上面罩之前，請先戴好自己的氧氣面罩。」若不先確保自己的安全，那麼自己跟孩子都會陷入危險。

同樣的道理，對自己喊話相當重要。**為了讓自己做好準備，先說一句能和緩自身情緒的話。**

雖然人們總說要懂得承認弱點，但若在本章節開頭提到的場合上，把「我好緊張」說出口，反而會讓人更不安和恐懼，並產生逃避感「就算我有什麼不足之處，也要原諒我。」

會緊張是理所當然的，這並非壞事。為了避免深陷「如果不順利，要怎麼辦？」等負面心理狀態，而搞砸會議。這時要做的是，承認「會這麼緊張，是因為這是一場很重要的會議」，然後切換「中性說詞」。像是「肅靜的氣氛」等。重點是將陌生的環境（負面表現），換成肅靜氣氛等正向語言，讓自己放鬆：

- 「現場太有氣勢、感染力。」
- 「大家看起來都很認真！」

這麼一來，就不是逃避，也不是找藉口。你也可以敘述自己的身體狀態：

- 「我現在精神抖擻！」
- 「心臟跳得好快，非常雀躍。」
- 「我的手掌心都是汗！」

雖然這幾句話都是形容緊張，但給人的印象大不相同。儘管提到生理的反應，像在展現弱點，但略帶幽默的說法，不會讓對方認為你在找藉口。

要注意的是，若表現出自己纖細敏感的一面：「我一早就頭痛，緊張到胃不舒服……。」不會贏得同情，反而會招來反感。

冷靜下來後，接下來要把焦點放在士氣和希望上：

- 「大家很有幹勁！」
- 「有了現在這份緊繃感，相信今天能創造出很棒的成果！」
- 「被這樣的氣氛牽動，我感覺可以超越自己的極限！」

使用一些較強烈的說法，不僅讓人覺得自己的狀態越來越好。同時向眾人傳遞積極的訊息，「希望這個會議能成為一段有意義的時光」。如此一來，消除緊張的同時，也拉近了與對方的距離。

瞬間改變氣氛的對話技術

在照顧他人的情緒前，先調整好自己的狀態。

✕ 在陌生的環境，真讓人緊張。

○ 這樣肅靜的氣氛，讓我振奮起來了！

2 最得體的自我介紹

大多數商業企劃案等會議，都從自我介紹開始。此時不知為何總讓人緊張，漸漸瀰漫出相互交鋒的氣氛。不過其實只要稍微改變介紹方式，就容易打好關係。

很多司儀或幹事，要請出席者自我介紹時，都會說：

「請說自己的名字，跟一句想對大家講的話。」

「一個人約有十五秒發言時間。」

這時候，你會說什麼呢？

「我是業務部長小林，我的部門目前有十位夥伴……。」「有十位夥伴」也可以替換成自己在一流企業任職、畢業於知名學校、職位、業績、專業領域或成果等，其實這種說法就像在告訴別人「我很厲害」。武裝自己、不展露弱點，有如揮舞武器，不讓人靠近一樣。

有些人覺得只講這些很像在炫耀，於是加一句謙虛語：「我還不太熟悉這些業務，請多指教。」

可是這裡展現的「會顧及他人，個性很好」的態度，其實也是在武裝——要把自己好的一面表現出來。這麼做會讓其他人下意識跟著只講好的部分，不敢說出真心話。

如果想和與會者打好關係，讓會議氣氛輕鬆一點，大家在介紹自己時，不妨說些**目前正在做的事**、**想做出的貢獻**、**期待的內容**等。

「我目前在業務課負責新產品。為了要傳遞現場的第一手資訊，希望今後可以增加更多人手來協助開發新產品。」

自我介紹時，說事實就好，例如自己是業務、負責新產品等，不需要做其他宣揚。只要說明今天自己以什麼立場而來，目的是什麼，之後就可以順利開啟對談，讓當下氣氛放鬆下來。

若能完整表達自身感受，效果會更好。如果還有時間，還可以把正向、加油、自己很有幹勁的狀況，利用比喻法表現出來：

- 「我想為我們的團隊帶來一股清新的氣息。」
- 「希望能以湖水般清澈、乾淨、放鬆的心情，來面對今天的會議。」

自我介紹時稍微下一點功夫，就能融化冰冷、尷尬的氛圍。

瞬間改變氣氛的對話技術

與其認為「只不過是自我介紹」，不如想「正因為是自我介紹」，這是拉近彼此關係的機會。

✕ 我是業務部長兼新產品的負責人，小林。雖然我的部門目前有十位夥伴，但我還不太熟悉這些業務，請多多指教。

○ 我是業務部長小林。目前在業務部負責新產品，為了要傳遞現場的第一手資訊，希望今後可以增加更多人手來協助開發新產品，請多多指教。

3 先說目的

如果你必須擔任會議主持人，就算察覺會場氣氛很僵硬，也別想著「要馬上讓大家熱絡起來」。而是先把自己準備好（第一節），接著請與會者自我介紹，讓大家成為暖場的幫手（第二節），再簡潔扼要的傳達目的。

現場氣氛之所以冰冷，是因為在場的人都感到茫然且不安。若可以清楚揭示會議的目的，就能有效消除這份情緒。

有很多會議的主要內容都是報告近況。從主管的立場來看，這樣做可以迅速了解員工的動向和進度，對掌握現狀很有幫助。

但以部屬的立場來看，自己每天都會用電子郵件或手機報告工作進度，所以出席會議時，總想：「人是來了，但開會的目的是什麼？」

就算是編列預算會議這種主題明確的場合，如果沒有事先說明目的，像「裁決預算」或「今天只是來討論一下」等，眾人也會慌亂、焦躁不安：「到底要討論到什麼程度？」特別是在聽了不著邊際的說明後，更是如此，例如：「換了新辦公室後，很多人因為不熟悉環境而感到混亂和不滿。因此今天找了各部門主管，讓我們來討論這個情況。」

改變氣氛的第一步，是**明確說出會談重點，減少參與者的不安**：「今天會議的目的，是提出整頓新辦公室的計畫。」

看到我這麼說，很多人一定覺得這句話很無聊、沒什麼特別的。但其實這樣就夠了。**傳遞基本資訊時，不需要多說其他事情。**

就像我們外出旅行、尋找住宿地點時，只想知道「地點、價錢和房間大小」而已，就算看到一大串說明，「享受如渡假村般華麗且高級的體驗……」，一定會覺得不耐煩。所以，我們要盡量簡潔扼要的傳達目的。

但也不能說：「今天採取跟以前不同的方式，開始新會議！」

這種開場不僅非常抽象，而且是用否定說法，會讓原本就冰冷的氣氛更加尷尬，所以要避免用「嘗試新方法」、「要和過去完全不同」等字眼。

如果一直說「要改變、不能沒有變化」之類的話，會讓眾人退避三舍。畢竟「要做不一樣的事」、「進行大改革」，這種完全否定過去的說詞，等於暗指「你們不行！」，會議便瞬間轉變成戰鬥模式，感覺自己被攻擊的人，不是想逃避（如不願意開口表達想法），就是想反擊（反駁所有意見）。

瞬間改變氣氛的對話技術

開會前，簡潔扼要的告知會議目的。

✕ 換了新辦公室後，很多人因為不熟悉環境而感到混亂和不滿。因此今天找了各部門主管來討論這個情況。

〇 今天會議的目的，是提出整頓新辦公室的計畫。

4 主動告知結束時間

在開會時，為了讓大家專注，最重要的就是告知結束時間，「在○小時內結束」、「在○點之前決定」，只要這麼做，每個人的專注力會突然提高。

只要大家同意會在何時結束，與會者便會努力在時間內完成要做的事。

更好的做法是：「一小時內決定好整頓辦公室的計畫、並決定工作分配。請贊成的人舉手。」不是單方面做決定，而是讓大家表決。

但若問：「盡量在一小時內結束，大家覺得可以嗎？」這種不肯定的說法，反而會帶來不安，所以要盡量避免。

「我預計一小時內結束會議。大家都很忙，既然特地空出寶貴時間，就集中精神，一起想出最好的提案吧。」話說得很肯定，暗示大家提振精神，會議過程才會順利。由於這個說法不是「遵守我想出來的規定」，而是「一起遵守大家同意的時限」，所以就算是資歷較淺的人來主持，也不會招來反感。

另外，**讓與會者「看見」時間**，也相當重要。我的做法是在研習時，刻意在白板上，寫下目的與什麼時候結束會議。

目的：計畫與工作分配。
結束時間：下午四點。

這麼一來，開會成員便可隨時注意時間。有趣的是，人只要意識到目

的，就會專注且彼此合作。這麼一來，你便能從「想辦法讓大家動起來的壓力」中解放，無須獨自背負推動會議進展的責任了。

瞬間改變氣氛的對話技術

訂好結束時間後，大家就會開始動起來。

○今天會議的目的，是提出整頓新辦公室的計畫。

◎今天會議的目的，是提出整頓新辦公室的計畫，並在一小時內決定好計畫和工作分配。

5 引起對方期待心理

不管是會議，或是各種面談、懇親會等溝通場合，當眾人對目的與時間有了共識，且有具體目標，就能提升互動，變得更團結。

- 會議的目的是什麼（目的：第三節）。
- 要多久（時間：第四節）。
- 要達到什麼成果（目標）。

基本上就是先說明主題，這裡先以「整頓新辦公室」為例。

如果開頭只提到主題的話，到了中途，就很容易變成討論方法。這麼一來，會變成像「買收納櫃」、「減少使用紙張，盡量數位化」這種過於細節的內容，導致會議無法在時間內結束。

較好的說法，是「今天會議的目的，是提出整頓新辦公室的計畫，並在一小時內決定好計畫和工作分配。目標是讓大家能開心的使用新的辦公室。」不光說出預計的會議成果（決定工作分配），重要的是，還提到「讓大家可以開心使用」這種期待的心理。讓成員們認為，主持人說的話很有吸引力。

所以在傳達目標時，除了要說預計的會議成果之外，也要提出眾人所追求的心理狀態。

瞬間改變氣氛的對話技術

傳達目標時，除了說出預計的成果，也要提出眾人追求的心理狀態（如期待、開心等）。

○ 今天會議的目的，是提出整頓新辦公室的計畫。

◎ 今天會議的目的，是提出整頓新辦公室的計畫，並在一小時內決定好計畫和工作分配。目標是讓大家都能開心的使用新辦公室。

6 訂規則，人就會開始動腦

儘管規定看似限制了自由，但其實適度的規定，可提升人們心理上的安全感，反而能集中精神做某事。

運動比賽就是其中一個正面例子。正因為有規則，參賽者才能在自在的踢球、奔跑，不至於發生爭執而受傷。

「針對整頓辦公室的方式，請大家盡量提出意見」、「關於整理的方法，請統整意見後提出結論」，雖然規定內容會隨著目的與目標而改變，不過訂立規定的理由是一樣的：

1. 讓與會者對目的有共識。
2. 為了營造放鬆且專注的氣氛。

但就算講「今天不講禮數，請大家自由發言」，也無法傳達真意，甚至可以說這是很典型的NG說法。許多人一聽，反而會想：「要是真的講出真心話，搞不好會踩到地雷。」認為這是在警告：「要懂得揣測氣氛。」

此外，部分新世代年輕人甚至不懂這句話是什麼意思：「蛤？什麼禮數？」

如果希望大家自由的表達意見，不如更直白一點，像是：「今天要說什麼都可以喔。」

可是，這樣的說法也有風險。因為**人只要一聽到「說什麼都可以」，反倒什麼都說不出來**。因毫無限制而心生不安。

不過，只要明確訂出規定，如「今天的規定，是絕對不否定其他人的發言」，人會不自覺遵守規則，因此消除不安，大家便敢表達想法了。

如果能再加上限制，就會出現很多創意或點子。

舉個例子，GE醫療（GE Healthcare，為奇異旗下的子公司）的產品心電掃描器，正因為嚴格限制「一次花一美金就可以做檢查，以電池運作，不能太重，要讓人們可以隨時攜帶」，工程師們就下了許多功夫，並創造出劃時代的暢銷商品。

人形機器人「Pepper」的前開發主管林要，在他所寫的書《零與一》當中，也曾這麼說：「**因為有限制，人就會開始動腦。**」

瞬間改變氣氛的對話技術

刻意設立規定，人才敢自由表達想法。

✕ 今天不講禮數，請大家自由發言。

○ 今天要說什麼都可以。

◎ 今天的規定，是絕對不否定其他人的發言。

7 頻繁稱呼成員的名字

想和緩開場僵硬、沉重的氣氛，有個簡單又有效的方法，就是叫名字。「早安」和「小林，早安」，會給對方完全不同的印象。

根據我的經驗，**頻繁的緩和氣氛，決不會有損失**。尤其利用網路溝通時，如果不稱呼對方名字，像是：「小林，你覺得怎麼樣？」其實會很難掌握發言時機。

「各位，開始開會吧。」這句話之所以NG，是因為使用「各位」這種並非指特定人物的抽象詞彙，很難和緩氣氛。而且這樣的叫法，會顯示出「主持人—所有與會者」的結構。就算參加的人很多，一開始難免必須用「大家」、「各位」這類字眼，**在會議途中，也要頻繁的稱呼個別成員**。

美國南方衛理會大學（Southern Methodist University，簡稱SMU）教授丹尼爾・霍華（Daniel Howard）曾做一項實驗，其中一組會稱呼成員名字：「嘿！約翰，幫我買餅乾！」而對照組則不會叫成員的名字，只說：「幫我買餅乾。」一倍。由此可以看出稱呼名字的效果。

以結果來說，願意幫忙買餅乾的比例，會叫成員名字的那組，是另一組的兩倍。由此可以看出稱呼名字的效果。

叫對方的名字，能表達「你是很重要的一員」，進而讓對方產生歸屬感。

人有愛和歸屬的需求，如果是為了自己所屬的地方，就會願意付出。

瞬間改變氣氛的對話技術

藉由稱呼參與者的名字來破冰。

✕ 各位，現在開始開會吧。

○ 哈囉，小林，昨天謝謝你。伊藤，你說你昨天沒睡好，現在還好嗎？……開始開會吧。

這樣根本沒辦法接話……。
好尷尬……。

第二章

這些話，讓對方不自覺想接

就算會議或對談開始了，卻沒人發言，
因受不了冰冷的氣氛，於是自己主動開口，
不知是因為冷場，還是大家覺得無聊而沒反應，
導致對話沒能持續下去。

8 千萬別說：「我能派上用場嗎？」

會議開始了，卻沒有任何一人說話——你是否有曾被這種沉重、冰冷的氣氛所包圍的經驗？

在我還是菜鳥時期，因必須擔任某場重要會議的主持人，而倍感壓力，忍不住說：「不知道自己能不能派上用場……。」

可是，這句話不會讓我獲得好印象，「中島先生真是謙虛！」反而讓人無法信賴我，使與會者認為：「這個人真的可靠嗎？」

更不用說，抱著這種想法，只會讓氣氛越來越僵。

義大利帕爾馬大學（Università degli Studi di Parma）教授賈科莫・里佐拉蒂（Giacomo Rizzolatti）在一九九六年發現鏡像神經元（按：指動物在執行某個行為以及觀察其他個體執行同一行為時，會發放衝動的神經元，使動物透過模仿來學習新技能），據研究顯示，人會因為同感、共鳴，而模仿他人的情感與意圖。

換句話說，**氣氛會透過人而傳染**。尤其主持人有很強的影響力時，能從話語中創造出氣氛。

如果可以使人覺得「可以放心交給他」和「可以順利進行會議」等想法時，參加會議的人自然感到安心，並產生一體感。

因此首先，你要說：「我會竭盡全力。」

假設你經驗不多，卻被賦予重任，要和某個要求刁鑽的廠商商談。因對主持這種場合不是那麼熟練，在這樣的壓力下，自身士氣都降到冰點，這時更需要能展現出氣勢的話語，替氣氛升溫，如「為了團隊（也可以表達是為了企劃或這次的會議），我會盡我最大的努力。」

瞬間改變氣氛的對話技術

用熱忱的話語，化解冰冷的氣氛。

✕ 我不知道自己能否幫上忙……我會加油的。

〇 我們一起把這場會議打造成最棒的商談吧！為了這個目標，我會盡最大的努力。

9 「多虧大家今天的建議」

若會議一片死寂，讓你緊張到想吐時，就用充滿熱忱的話暗示自己，例如，「多虧會議的認真氣氛，讓我漸漸掌握步調了。」因為語言可以營造出不同的氛圍，只要把話說出口，就能提振心情，讓這份情緒感染他人。

只要大聲、有精神的說：「今天狀態超好！」你會漸漸覺得：「我的狀態其實還不錯嘛，既沒有發燒，也沒有地方會痛，至少我還能在這裡。」請務必試著這樣鼓舞自己，發揮潛藏在內心深處的力量。

一邊說「漸漸可以掌握步調了」，一邊輕輕的左右搖擺身體，彷彿自己真的乘上這股氣勢。暗示自己時，記得加上「多虧」、「託大家的福」等前提。因為人有被認同、肯定的需求，阿德勒也說過，人都渴望能做出貢獻，想對他人有幫助、讓他人喜悅。所以當你加上這幾個字後，會讓大家覺得：「氣氛明明這麼乾，但因為有我們，這個人才能逐漸找到步調」。

就像在露營升營火時，最初升起一簇小火苗，接著大家圍著營火時，火開始燃燒起來，最終成為一團大火焰。當人們貢獻的渴望獲得滿足後（小火苗），就會提升參與的意識（火焰），一口氣溶解冰冷的氣氛。除了前述介紹的說法外，你也可以這樣說：

- 「大家的眼裡都閃爍著光芒。」
- 「大家的聲音都很有力喔！」
- 「出現很棒的提案。」

最理想的狀態，是所有參加者都能主動且踴躍的發言，為此，我們得先從自己做起。「託大家的福」就是一句能讓參加者感覺舒服、鼓勵發言的魔法話語。

- 「多虧大家今天的建議，讓我想到好點子。」

- 「我現在來統整大家提出來的好想法。」

想做出貢獻的渴望獲得滿足後，人與人之間的氣氛會越來越熱烈，情緒也會跟著高漲。

瞬間改變氣氛的對話技術

「託大家的福」是一句讓參與者想主動發言的魔法話語。

✕ 大家都好安靜喔……請不要顧慮，盡量說。

○ 為了在這個會議室裡的各位，我會盡全力。

◎ 多虧會議的認真氣氛，讓我漸漸掌握住步調。

10 怎麼讓對方主動提意見？

我在前文提過，訂立規則可以提升心理的安全感，其實這是所謂的「框架手法」。簡單來說，透過適當的規定或限制，人能更自由的活動。

比方說在討論時，刻意設定時間限制，如「一個主題討論十分鐘」，有時候反倒更容易獲得意見。如果沒人敢開口提出意見，也能請他們在紙上寫下想法。就算時間到了，也得把意見寫下來，並明確的告知「數量比品質重要」。

不管大家提出什麼意見，都不能否定，還要徹底的稱讚對方。就算是很機械式的說法也沒關係，像是：

「這個意見真的很棒。」

「很有趣！」

透過這套方法活絡當下氣氛後，就會出現各式各樣的意見。

事實上，有時候一些會讓人覺得「怎麼這麼荒謬」的想法，反而能衍生出不被常識束縛、非常有創意的點子。

瞬間改變氣氛的對話技術

透過限制，反而能創造出輕鬆發言的氣氛。

✕ 不管內容如何，請大家多多發言。

○ 接下來十分鐘有特別的規定：比誰提出的點子多。只看數量，不看內容品質。

11 換誰接話？由參與者指名

按照順序，會使氣氛變僵硬。因為人一旦知道「再幾個人就輪到自己」，便不自覺繃緊神經，進入防備狀態（按：指為了發表做準備，像是複習資料等）。如果一直想著：「我必須小心，不能說奇怪的話，要給認真、正確的建議」，那麼接下來的時間裡，只會出現不痛不癢的發言。最終，只會成為一場虛應了事的會議。

我認為特別要避免的，是由主持人指名下一個發言的人，如果變成跟過去學校裡老師和學生一樣的上下關係，那麼來參加的人會漸漸變得被動。如此一來，就不能引導參加成員主動表達意願或希望。

不論是會談或會議，最理想的狀態是眾人能自由且隨機的發言。假設都沒人提出意見，那麼，這時你（主持人）要做的不是自己指名，而是請參加者來指名：

「我們用接力賽的方式進行。先發言的人，請看看你接下來想要聽誰的意見，就指名他吧。」被指名的人發言後，再找下一個：「接下來換小林來說。」這樣就可以做出發言的傳接棒了。

就算存在個人差異，但無論是誰開口，都會散發出「熱量」，透過指名，將熱量累積並傳遞出去，氣氛自然升溫，並創造出一體感。

被指名，換句話說就是「被推薦」。不是被主持人指定，而是受到其他參加者的指名，是一件很光榮的事，而且不可思議的是，也會讓人感到開心，「謝謝你點到我」，意外的能使彼此間的互動更加放鬆。

接下來，我要介紹一個稍有難度的技巧，這是身為主持人可以使用的強大招數。由於大多數商務人士都在辦公桌前工作，很容易缺乏運動，所以請指名一個人帶頭，讓全員來做伸展運動。

「請小林帶著大家做伸展操，麻煩你了。」就算沒有去健身房，基本上每個人都知道一、兩種伸展運動，以我的經驗來說，不管是指名誰，對方都做得出來。

就算只是把手臂往後伸或挺起胸膛也可以。藉由做相同的動作，讓眾人產生一體感。接下來開始會議後，讓與會者指名他人發言。不知不覺，開會時的氛圍就不只是由主持人營造出來，而是由大家共同創造。

尤其是線上會議，更容易冷場，用接力賽的方式來開會，會有驚人的效果。

瞬間改變氣氛的對話技術

會議前找人帶頭做伸展操、指名發言，參加者更敢表達意見。

✕ 從小林開始，按照順序來發言。

○ 我們用接力賽的方式來進行，先發言的人想聽誰的看法，就指名他吧。

12 「務必」是很危險的用語

人在推動會議進行時，腦中會一個接一個的浮現想拜託參加者做的事，「請積極提出意見」、「不要離題，趕快進入主題」。儘管你盡可能**有禮貌的表示期望**，**但如果對方聽了認為是很強烈的要求**，那麼當下的氛圍很可能變得沉重。

對部屬，你可能會說：「請說明那個企劃現在的進度。」對主管，也許想問：「什麼時候才要下決策？」對孩子，你或許會催促：「快點準備出門！」也有可能想跟伴侶確認家務事如何分工。先不提這些要求的強烈程度，這些都是希望他人能照自己的期望去行動。但無論是誰，只要被迫、受到強制，就會不開心。

舉個例子，開會時，有些人會下意識的說：「請大家務必做總結。」可是，**務必是很危險的詞語**，不但讓聽者產生「自己有義務做……」的印象，也會加深被迫感。進而感到不悅，當下的氣氛也會變差。

不過，只要使用「我們」，便能帶來截然不同的感受。若能搭配正向、有夢想的說法，會更有效果：

- 「要是我們可以盡快解決問題，就能笑著迎接新的一年。」
- 「希望我們能達成V型復甦。」
- 「讓我們把該做的事做完，再一起慶祝！」

只要說：「希望我們可以〇〇」，對方就會覺得：「說不定真的能做到」、「我也想這樣！」逐漸產生一體感。但若說「大家想要〇〇，對吧」，反倒會讓對方覺得：「你為什麼要擅自決定？我們又不一定會這樣想」。

瞬間改變氣氛的對話技術

把「我們」當作主詞，來表達想要做的事。

✕ 請大家務必做總結。

〇 讓我們一起做總結吧。

13 不是個人，而是基於某種立場

當人碰到不一定有答案或很難找出解答的問題時，往往會問他人的意見，可是直接詢問，反而使對方很難開口，因為他們認為必須為說過的話負責，而且，若提出的想法被人批評，也很羞恥。

若你想聽大家的意見，就得在說法上花心思，不能直白的說：「小林，請說說你對這個企劃的看法。」無論你的口氣多客氣，都只會讓對方感覺自己被迫發言。

為了減輕這樣的心理負擔，我們可以講：「小林，身為有孩子就讀小學的家長，你對這個企劃有什麼看法？」

因為這樣說，就**不是詢問這個人的想法，而是請他從「某種立場」來發表意見**。隔了一層關係做緩衝，大家比較願意說出心中所想。

- 身為有讀國中兒子的家長。
- 從你入職第三年的觀點來看。
- 作為人事負責人。
- 從〇〇出身的角度來看。

若主題和性別、世代等刻板印象有關，可能會產生偏見，所以不建議這麼做。

瞬間改變氣氛的對話技術

如果是「代為發言」，就能降低對方表達想法的難度。

✕ 小林，請說說你的意見。

〇 以有孩子就讀小學的家長來說，你對這個企劃有什麼看法？

14 重複對方說過的話

有些人認為，討論時既然沒人說話，就表示他們沒有任何想法。其實並非如此，某些人雖然想分享自己的觀點，卻找不到發言時機，或認為：「雖然有想說的事，但內容似乎沒那麼重要或有意義」而不敢開口。

假設碰到沒人提出看法時，你可以使用兩種技巧。

第一種，是你還記得對方曾說過什麼內容時使用。例如，「伊藤之前說的真有趣！」並以此為契機，引導出他的意見。一聽到別人這麼說，很少有人會頑固的否定：「沒有那回事。」

順帶一提，就算之前說的話或意見，不是真的那麼有趣，也無所謂。只要和當天的主題稍微有關就夠了。重點在於要表達出，「我很尊重你，平時有關心、留意你說的話，想聽聽你的建議」，讓對方加入對話。

換句話說，就是製造能讓對方主動參與的契機。

很有趣、有內涵、真精闢、很新鮮……用什麼形容詞都可以，只要對方認為自己的話受到肯定，便感到開心，同時想：「我要回應對方的期待！」進而分享看法。只要能像這樣適當的引導對方，就可打造信賴關係。

如果你聽到意見後馬上道謝，氣氛會變得更好，其他人見狀，便漸漸願意說出意見。

第二種是比較進階的技巧，也是一種暗示，藉由「小林，你的表情看起來好像有話要說」這類說法，讓對方發言。

有人可能會想：「『看起來有話要說』是怎樣的表情？」

其實，不知道這個問題的答案也無所謂，因為這時的重點，在於鼓勵與會者發言及緩和當下氣氛。

若是公司內部會議，你可以找能幫你一把的同事，對他下暗示；假設是在對參加者認識不深、不清楚其個性的場合，就找「很常笑」或是「視線沒有往下看的人」，然後對他說這句話。

隨著笑容出現，營造出溫暖且能輕鬆交談的氣氛，那就成功了。

不光是主持人，如果參與者彼此之間都能互相使用這種暗示技巧，氣氛會變得更活躍。

當夥伴對自己說：「你之前說得很好」或「我記得你的意見很有趣」時，就會覺得「我受到夥伴的期待，他很支持我」。

瞬間改變氣氛的對話技術

透過暗示，來引導其他人分享。

✕ 伊藤今天都還沒開口，接下來就請你發言。

○ 小林，你的表情看起來好像有話想說哦。

15 用肯定句，與會者豎起耳朵專心聽

在會議、會談或懇親會，有時必須先告知注意事項。在說明時，臺下的人不帶笑容，靜靜的聽。但他們真的聽進去了嗎？答案是否定的。

講者可能因此感到難過。雖然努力化解冰冷的空氣，卻沒有任何效果，也沒辦法得知大家的意見，直到會議結束，都沒有結論。

如果想避免這種狀況，就不能以「如果各位有興趣」作為開場白。因為該說法會讓聽者認為講者缺乏自信，進而判斷「接下來的內容沒有聽的必要」。

比較好的做法是用肯定句，例如「接下來的說明，一定會讓大家感興趣」。儘管這個表現方式聽起來有些迫切，不過重點**就是要說得很肯定**。才能增加說服力。

接下來，要介紹的是進階版本，由於需要掌握參加成員的狀況，並準備「如果這樣說，每個人都能接受」的資訊（理由），所以一定要做好事前功課。你可以這

麼說：「接下來的說明大家一定很有興趣，因為各位是每天在職場上歷經各種煩惱的主管。」、「大家都是頂尖商務人士，所以這是最適合的主題。」

像這樣的斷定說法，能拉攏對方的心。這招在你與參加成員的關係還不錯時，會有非常好的效果。你還可以根據狀況來調整說法，甚至直接加上對方的名字：

- 「大家對表面的話題都已經膩了吧？我今天要講真心話。」
- 「我覺得小林你絕對會喜歡這個主題。」
- 「這麼深入的話題，相信小林一定會理解。」

這樣的斷定說法，如果能讓對方開心，對談過程就會更順利，不只改變氣氛，還讓參與者願意聽你說。

瞬間改變氣氛的對話技術

肯定對方之後，加一句「你一定／絕對……」，拉攏他的心。

✕ 如果各位有興趣，請仔細聽說明。

○ 接下來的說明，一定會讓大家感興趣。

◎ 今天的成員一定會對接下來的說明感興趣，因為……。

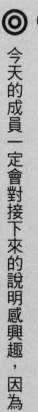

16 用「你最在意的地方是？」套出他的不滿

不顧旁人、自顧自的推動話題，也是讓氣氛降到冰點的原因之一。

事前的準備、按照順序進行，決定「時間、目的、目標」，說明規則。乍看之下，這樣的會談流程非常完美，不過如果你關注的焦點只有「按照順序、如何進行」，而沒把目光放在「人」身上，那麼就沒人願意追隨你。

不論什麼場合，當人意識到現場氛圍尷尬、冰冷後，這份感受會越來越深刻。這時要儘早詢問參加成員有沒有問題或是不了解的地方，以改變氣氛。但要注意的是，表面的提問無法勾起其他人的反應。

舉例來說，就算問：「**有什麼問題嗎？請不要客氣，盡量提。**」**你只會得到一片靜默**。因為大家的心裡可能充滿不安與不滿：「雖然有很多疑問跟不清楚的地方，但不知道該從哪裡問起。」

因此，我們要考慮對方的感受，試著說：「有不確定或在意的地方，都不要顧慮，儘管告訴我。」

人在面對面提出疑問時，非常需要能量。因為提問，就代表可能被人討厭，任誰都不喜歡這樣。如果沒有考慮到這樣的心情，突然用「盡量發言」來逼對方表達想法，等於是強迫對方「擔任被討厭的角色」，進而增加其內心負擔。

所以，藉由使用「有什麼在意的地方」這種比較模糊的說法，會讓對方比較容易開口。除此之外，禁止說「請不要有顧慮、盡量發言」，要用「請告訴我」，如此一來，對方的立場就不會是「毫無顧忌抱怨的人」，而是**「受到拜託，指出哪裡需要改善」的人**。這麼做，除了讓人較願意把話說出來，而且提出來的觀點，不會只有單純的批評，很可能是提議或替代方案等建設性的意見。

瞬間改變氣氛的對話技術

「你最在意的地方是？」更容易找出問題、得到建議。

✕ 有什麼問題嗎？請不要客氣，盡量提。

○ 有哪裡不確定或需要確認的事，都請告訴我。

這個人
沒問題嗎？

第三章

一開口，瞬間獲得信賴

我們會忍不住找家人、朋友、關係好的同事說話，但不會找沒什麼互動的人聊天。其中的差異就是信賴程度。

17 先讓他不討厭你就好

希望對方願意輕鬆的跟自己說話，有三個要點：

1. 好感。
2. 聰明、腦袋很好。
3. 讓對方認為你們站在同一邊。

關於第一點，我們可以從新聞主播和電視節目主持人來觀察。假設某節目是由高人氣的人來主持，那麼觀眾會不自覺停下動作，並想：「既然是那個人說的，就來聽聽看吧。」

雖然有些人因個人特色十分強烈，讓其周遭的人認為：「不管他說什麼，我都信。」不過這種魅力並非靠努力就能獲得。所以，我們不需要想辦法成為這種人，只要把目標設在「**若要分喜歡或討厭，應該還算喜歡**」，就可以了。

第二點雖然難度有點高，不過只要努力，就能做到。

想讓談話對象產生「這個人說話像日本資深媒體人池上彰一樣好懂，又有知識內涵」的印象，如同要一個毫無經驗的人參加競賽，並獲得奧運獎牌一樣難。不過如果是「這個人頭腦好像不錯」的程度，則很有可能做到。

若被對方看不起的話，事情會較難推進，所以我們要想辦法避免這樣的狀況。關於這點，我會在本章後半詳細說明。

接著介紹第三點，也是我希望大家能先掌握的一點。

不需要到讓對方非常喜歡你的程度，**只要他不討厭你就好了**。你可以從讓對方認為「這個人會挺我」，來培養信賴關係。方法就是在他發言時，你接著說：「對，沒錯！」、「我懂！」也就是展現共鳴。

假設在會議上，有一個人表示：「這次的競爭對手是那間強大的A公司，所以這次的提案，我做了很多努力！」

這時，曾經歷過困難提案、知道Ａ公司有多難對付的人，自然會回道：「對！我懂！」像這樣的附和，會讓發言者覺得回話者跟自己有強烈共鳴。

順帶一提，除了「對，沒錯！」跟「我懂」，你也可以用這幾種說法：

- 「真的是這樣耶！」
- 「對對對！」
- 「真的！」

事實上，在理解對方時，只要帶著好情緒，說什麼都可以。

假設只回「嗯嗯！」很可能使人覺得敷衍、草率，因此很多人會避而不用。

不過，如果你是閉上眼，然後一邊點頭，一邊說：「嗯、嗯。」反而能傳達出你認真傾聽、試圖理解對方。

平常說話很有禮貌的人，可以突然使用比較輕鬆的說詞、表達方式。無論是哪一種，只要在說的時候充滿感情，都會很有效。

要注意的是，**如果你加了太多演技**、表現浮誇，例如：「哇！太讚了！」、「超級好耶！」**則會造成反效果**。

請使用打從心底感到共鳴時，會自然說出的話語，效果才會最好。

儘管如此，我們也不是每次都有同感，像是「雖然他可能真的很辛苦，但我不太懂」，這種狀況其實壓倒性的多。

這時要同理對方，說得更清楚一點，就是即使沒有相同的經驗，也可以試著站在對方的立場來思考：

- 「一定很辛苦吧。」
- 「你一定是付出了難以想像的努力。」

- 「光是聽你這樣講，就能感受到你的辛苦了。」
- 「你付出了這麼多，要是我就做不到。」

只要能自然的表現出共鳴或同理他人的樣子，那麼便有許多人願意跟你站在同一陣線。

微軟執行長薩蒂亞·納德拉（Satya Nadella），在公司面對困難時，據說就是透過同理心，讓公司員工願意站在自己這一邊，在困境中堅持下來。另外，史丹佛大學（Stanford University）心理學副教授賈米爾·薩奇（Jamil Zaki）曾在他的著作寫道：「同理並非本能，而是能培養的能力。」

瞬間改變氣氛的對話技術

用共鳴和同理心，讓更多人站在你這一邊。

✕ 是喔……。

○ 沒錯、沒錯！

◎ 真是辛苦你了。

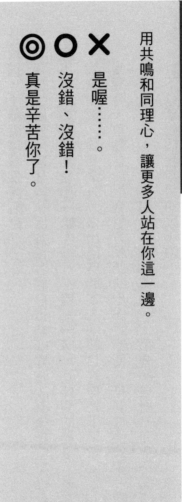

專欄

多用感嘆詞

我們有時會因吃驚而來不及思考，或很難把想法轉化成語言，但既然是對談，不能就這樣保持沉默。

我很推薦使用感嘆詞。因為當我們發出感嘆聲時，必須把空氣從身體裡呼出來，如從腹部發出「哈～」、「嘿～」時，其伴隨的能量，像在示意、表達同感，除此之外，做出回應的本人情緒也會穩定下來。

回應時，重點在於配合對方說話的步調跟節奏。是要慢慢的說「啊～原來是這樣～」，還是有節奏的說「嗯嗯」，都會帶給對方完全不同的感受。以下分享幾個我常用的感嘆詞：

「哈～。」
「嘻嘻。」
「呼～。」
「嘿！」
「齁～。」

「啊～。」
「喔～好棒！」
「嗯～。」
「咦～？」
「哇！」

18 「你說到重點了」這句話很好用

某位女性曾和我分享她的經歷：

「有次我跟主管說話時，說了：『原來如此。』結果主管非常生氣，他說對長輩或上級講這句話很失禮。於是我就更客氣的說：『原來是這樣啊。』沒想到主管更生氣了。」

回應時，「原來如此」確實是一句很方便的話，因認為「的確就像你說的一樣」，所以用了這四個字。不過要是在商務場合用太多，反而會被認為沒有禮貌，無法讓聽者覺得受到尊敬，因此要注意。

就像開頭的例子一樣，該女性本來打算用更有禮貌的方式，因此說「原來是這樣啊」，不過這句話有很大的風險會被討厭。

有很多人會用「的確」，不過這句話給人的感覺和「原來如此」差不多，所以不適合頻繁使用。儘管如此，在應對時還是有必要使用這些用語，我會在八十九頁的專欄來統整。

若想表示了解或同意對方的觀點，與其說「原來如此」，不如直接用更能展現認同的話語，如「你說到重點了」。因為人都**希望獲得對方的理解和認同**。

就算沒有完全理解對方說的內容，只要你**覺得「這個很重要」，請馬上說出來**，這麼一來，對方會覺得自己受到肯定。至於為什麼你覺得這點重要，可以之後再想理由。

題外話，假設說話者的內容漫無邊際或太常岔題，難以找到重點，我會說：

- 「讓人很有共鳴耶！」
- 「我可以感受你的用心。」
- 「我覺得可以了解你的意思。」

有的人因無法好好表達自身感受而焦躁，再加上沒感受到認同，導致說話偏離主題或講得冗贅。不過當聽者能接受、認同他，給予心理上的安全感，那麼對方說話就會變得簡潔。

瞬間改變氣氛的對話技術

你適時表達認同，談話對象就不會偏離主題。

✕ 是嗎？原來如此。

〇 你說到重點了！

專欄

炒熱氣氛的附和方式

若希望說出來的話能炒熱氣氛，其中一個祕訣是應對方式：無論是什麼附和話語，原則是配合對方所說的話。

以下是我會用的附和方式，無論是什麼場面，都可以炒熱氣氛。請把它記起來吧（不過就如同本文提到的，有時候太常使用會有反效果）。

「很不錯耶！」　「說得沒錯！」
「哇！」　「的確！」
「真不愧是你！」　「原來如此！」

19 遇到一直偏離主題的人

有些人會一邊思考，一邊說心中認為很重要的話。

但有時候，儘管講者很認真、努力的傳遞想法，但他說的內容不一定好理解，導致聽者完全抓不到重點，甚至想：「這些內容很重要嗎？」

不管到哪裡，都會有一、兩個不太擅長表達、說話難懂的人，或是講話漫無邊際、冗長又容易偏題的人。

但對方畢竟鼓起勇氣發言，所以我們不能草率的對待他。對於所有意見，我們應帶著敬意，只要徹底做到這一點，對方就會覺得你跟他站在同一陣線。

面對這些人，我常用的技巧是同理——即使不是一〇〇%理解，也要站在對方的立場，說：

- 「我想這番話一定有很深的含意。」
- 「這應該和很多道理相通。」
- 「我可以了解你的深思熟慮。」

這種說法的重點，在於要用較圓融的方式，包括「應該、我了解」等說法來緩和語氣，不能說得太果斷，否則會使發言者反感或產生壓力。

順帶一提，有個主持技巧叫做「停車場」，是使用白板來認同、接受對方的想法，「我認為這個內容值得另外再討論，所以先記在白板上。」像這樣圓融的認同對方，再轉換討論的方向，這就是主持人的智慧了。

其實很多時候，不是講者說話沒重點，而是與會者表達的內容「很優秀，反而讓人聽不懂」或「水準太高，所以其他人無法了解」。

比方說，就算你認為：「年輕人總說一些我聽不懂的話題。」但這可能是數位原住民（Digital Native，指從小生長在有數位產品環境的世代）非常寶貴的意見。反之，即使你覺得：「部長年紀大了，所以講話都講不到重點。」但其實他有可能在傳授累積多年經驗所得來的知識，但因經歷差異，所以我們無法理解。我們必須意識到，「自己沒有能力判斷一切事物」，然後站在對方的立場思考，用肯定句回覆他。

瞬間改變氣氛的對話技術

不懂時，首先從對方的角度來思考。

✕ 我聽不太懂你說的話。

〇 我想你說的話，一定有很深的含意。

20 用「我們」，把其他人拉進對話裡

很少人能一開口就提出讓眾人讚嘆的精闢見解。一般來說，發言者不確定其他人怎麼看待自己的想法，所以說話時多少會不安。

正因為如此，我們要說：「謝謝你的分享。」來認同對方。畢竟，若他的觀點很值得參考，卻沒得到重視，真的非常可惜。

說完感謝，接著可稱讚對方。

但基本上我不太會使用「很好、很棒」這類形容詞：「小林的意見真的很棒。」除了給人感覺隨便，有時候也像是主管評論部屬。相信沒人會因隨便、敷衍的稱讚，而感到開心。

最重要的是，要讓整體的氣氛良好。

以這層意義來說，提供看法的人對會議有很大的貢獻，因為他的關係，讓大家

比較願意表達。所以，既然出現不錯的意見，就要讓它擴及整個會議，你可以說：「小林講的事，正是我們想知道的。」儘管說出意見的是小林，但在這邊要把他定位成「我們的代表」。

不過，更常見的狀況是，某人提出的意見「還不錯，但沒有到非常棒」。這時要用不同的說法：

「這個觀點讓我們有更多的討論。」

「以這個意見為起點，感覺我們會找到更多的可能性。」把其意見當作基礎，來擴展內容。

相信你已經注意到了，在這個時候，我稱呼的不是「小林」，而是「我們」。因為使用這種說法，可以把意見連結到前面的話題，進而發展後面的討論，讓其他人能跟著提出看法。

當某人說出意見時，你在當下表示認同，便與對方建立起信賴關係。但若之後不斷的提到對方名字，則會讓其餘人認為，反正都是他的功勞，自己沒必要開口。

對提出想法的人而言，「因為自己，讓大家有更多的討論」或「成為大家的意見」，一定會很開心。

瞬間改變氣氛的對話技術

出現好的意見時，用「我們」促使他人參與討論。

✕ 小林提出的意見很棒。

○ 小林的意見，正是我們想知道的。

21 表達感受，不強調好壞

到目前為止，我們介紹許多如何用一句話，來認同、肯定對方、讓意見有更多討論及使對方成為你的支持者。

接下來，我會介紹更多一句話技巧讓對方認同你，不過在此之前，先來聊聊可能誤觸的陷阱。

認同對方時，**如果太過強調好壞，反而會讓對方認為你想控制場面**。沒人會因被掌控而開心，所以這樣說話，很有可能被討厭。

比方說，在認同他人的意見時，說：「你的提案真不錯。」正是用好壞作為判斷，讓說話者想：「這個人總是依自己的標準來評論。」

假如有人對你的看法持反對意見，可能因此出現對立，最差的狀況就是有人反駁甚至推翻你的論點，進而看不起你。

再加上，根據你與發言者的關係，有的人可能會想：「這個人對同期特別寬容」，導致人際關係出現問題。

當你想傳達自身看法時，請僅限於表露感情，不要說出多餘的評價。當你說「對，我懂！」之外的意見時，請遵守「謙虛表達個人感覺」原則。「我覺得這個提案很新穎。大家覺得怎麼樣？」除了新穎，也可替換成有協調感、實用、有建設性等。

人無法擺脫主觀看法，所以如果一個人完全不說自身想法，就會被認為只講不痛不癢的話、不願透漏真心話，而無法獲得他人信賴。

因此，請使用「我覺得」來謙虛的表達，並引導大家說出內心所想。這麼一來，就能營造出輕鬆的氣氛，使每個人自由的分享、討論各式各樣的觀點。

瞬間改變氣氛的對話技術

評判他人的意見，別說好壞。

✕ 這是很好的提案。

〇 我覺得這個提案真的很新鮮。大家覺得怎麼樣呢？

22 讓對方覺得受重視

美國的心理學家艾德．夏恩（Edgar H. Schein ）在著作《MIT最打動人心的溝通課》（*Humble Inquiry*）提到，我們必須告訴自己三件事：

1. 盡量不要自己單方面說話。
2. 學習謙虛詢問的態度，在向對方提問時，一定要注意。
3. 努力傾聽、努力認同對方。

艾德認為，謙虛的提問，能從大家身上獲得力量。

隨著話題的進展，有些人會感到不安：「這樣做沒問題嗎？」有的人則因「到現在都沒出現狀況，所以一定沒問題！」而安心，於是一邊說：「進行得很順利。」一邊按照計畫繼續前進。

可是，一頭熱的往前衝很危險，需要經常停下來休息。

你可以這樣說：「到目前為止，大家覺得如何？」藉由確認會議、會談等進行方式，除了讓參加者放鬆，因「主持人試圖了解我們的想法」而安心，還可讓大家感受到你重視參加者的態度。

如此一來，參與者也會把會議當作是自己的事來看待，因此產生主體性（按：承認、重視主體在活動中的地位和作用）。

瞬間改變氣氛的對話技術

提問時，要讓對方覺得自己受到重視。

✕ 話題進展得很順利，繼續往下討論吧。

○ 到這裡為止，大家覺得如何？

23 刻意不提數字

我在前文舉了三個特點，讓對方可以很輕鬆的跟你說話：

1. 好感。
2. 聰明、腦袋很好。
3. 對方認為你支持他，你們站在同一邊。

到此為止，我們介紹不少用一句話展現同理心，以獲得對方的好感，願意站在我們這一邊。接下來，則分享讓談話對象覺得「你很聰明、頭腦很好」的一句話。

或許有人會覺得這種做法很膚淺而抗拒，既然如此，我們換個立場來想，面對看起來頭腦不太好的人和看起來聰明的人，我們往往選擇接觸後者。

此外，就算你想：「別人不認為我很聰明，也無所謂。」也不會希望別人說：「真笨。」而對你失望。接下來就讓我們看看該怎麼做。

首先，不管是開會或跟客戶協商時，最好避免說：「我們獲得許多寶貴意見，所以現在我先統整。」

儘管根據談話主題而有差異，不過統整是很耗費腦力的勞動，而且，就算你覺得自己已整理好內容，若參加成員覺得：「說要統整，卻還是講得很冗贅，讓人聽不懂。」就會產生反效果。

除了擅長整理的人，我建議大家盡量避免說這句話。

每個人對腦袋很好的定義都不同。在本書指的是具備邏輯思考能力，能有系統的整理各個意見，並毫無矛盾的說明。為了做到這點，你可以說「重點＋數字」，例如：「討論到這邊，我們總共獲得三個重點，第一點是……。」這招非常有效且不容易出錯，所以被視為經典做法。

不過，使用這個技巧後，就會出現「絕對要說出三點」的規則，如果只提兩點，或增加到四點，會讓聽者疑惑：「咦？怎麼跟他剛剛說的不一樣？」

我的做法是：「我總結一下目前為止得出的重點。第一點是……第二點是……。」如此一來，就算重點數量有增減，也不會有問題。接著一一列舉，讓眾人覺得你「做事有條理，不但把討論濃縮為幾個重點，有邏輯的統整內容，還能說明的簡潔扼要」。

在一對一會談時，當對方突然一口氣說了很多時，你也可以利用這個方法來暫停對話，「我想跟您確認到目前為止的重點。第一點是○○○，第二點是△△，對嗎？」

儘管這是為了停止對方連珠炮般的發言，卻能讓他覺得「你有仔細聽，還做了整理」，於是對你另眼相看。

瞬間改變氣氛的對話技術

使用數字和條列法，會讓人覺得你很聰明。

✕ 我們獲得了許多寶貴意見，所以現在我先統整。

○ 討論到這邊，我們總共獲得三個重點，第一點是……。

◎ 我總結一下到目前為止得出的重點，第一點是……。

專欄

讓人喜歡你的附和方式

附和方式百百種，前兩篇專欄介紹的方法，在各種場合都能派上用場。不過，若你覺得這些附和法不夠用，也可以用以下幾個說詞：

「真不愧是……。」　「真厲害！品味真好。」

「哇！讓我學到了。」　「這樣啊！」

這些是所有人都會喜歡的說法。如果你希望能與對方溝通更順利，熟記這些說法絕對不會吃虧。

24 某些問題，刻意不回答

碰到某人提問時，我們往往覺得自己必須回答。

但**越重要的問題，通常越沒辦法立刻得出答案**。儘管如此，還是有很多人會想：「就算勉強自己，也要說出答案才行！」於是他們回道：「以結論來看，是這樣的……。」

先不論回答內容是好是壞，只要有人先說結論，對其他的人來說，等於失去思考機會，進而降低分享想法的意願。此外，假如參與成員不贊成該結論，很可能會引發對立，甚至演變成爭輸贏的局面。

儘管如此，我們還是要避免講得含糊不清或打馬虎眼，如「這個問題好難……該怎麼回答才好？」

與其這麼說，不如刻意不回答。因為「是很重要的問題，沒辦法很簡單說出答案」，並把話語權交給對方，這樣才能建立信賴關係。

重要的不是趕快找出一個答案，而是抱持探究問題的心態去思考，因此我建議說：「讓我們一邊思考這個問題，一邊度過這段時間吧，相信這麼一來會有很多收穫！」或是「思考這個問題，感覺會有很多新發現！」

提倡經驗學習理論的美國社會心理學家大衛・庫伯（David A. Kolb），在《你如何學，就如何生活》（*How You Learn Is How You Live*）提到，人在透過經驗學習時，必須反覆經歷四個步驟：

1. 具體經驗。
2. 觀察反思。
3. 抽象思考。
4. 主動驗證。

在這過程中，絕對不能缺少的是提出問題。在日常生活若能隨時提問，我們的人生便能擁有很多新發現，也能養成一種「就算沒辦法立刻獲得答案，也沒有關係」的安全感。

或許我們應培養出「不輕易回答」的態度。

瞬間改變氣氛的對話技術

無法立刻答覆的問題，要刻意不回答。

✕ 這個問題有點難，該怎麼回答才好？

〇 讓我們一邊思考這個問題，一邊度過這段時間吧。

沒時間了！
不是這樣
也不是這樣

第四章

離題、沒結論……怎麼拉回來？

大家都知道時間很寶貴，沒人希望會談超時。
卻常因不敢表達意見、缺乏集中力或某人離題，
而讓進度停滯。

25 時間與品質兼顧

當大家聚在一起討論事情時，相信每個人心裡都在想：「希望能在預定時間內結束，如果能提早收場，就更好了。」雖然這麼期盼，但很多會議往往會延長時間，或太過在意要守時，反倒無法充分討論。

有些人會在一開始提醒：「想準時散會，需要大家多幫忙。」

這句話雖然沒有錯，但這麼一來，與會者的目的就變成「在預定時間內結束對談」，因此我們要避免這種說法。

我們要追求的是時間與討論品質。

即便在時間內結束會議，如果大家不接受、不認同結論，或者是沒有討論出結果、達成共識，等同於在達成目標之前就棄權。對所有參加會議的人而言，等於是白白浪費了這段時間。

因此，我們在提到時間時，絕對不能忘記要兼顧談話品質，不能因趕時間，就隨便做決定。我們可以說：「讓我們有效的利用有限時間吧。」光是這樣，就能讓對方意識到要集中精神、提高效率。

開場時，不妨先宣言一個大前提：「無論提出多少意見都沒關係。我們一定可以在時間內達成目標。」重點在於「無論提出多少意見都沒有關係」，言下之意就是「請不要在意時間，有什麼想說的，全都可以說出來」。

以對方的狀況為優先，會讓人感受到你氣度很大，也能營造出令人安心的氛圍，讓人更容易說出意見。這麼一來，就能減少沉默或互相看臉色的時間，反倒提升效率。

大多數的人都太過在意時間與品質的零和（按：該術語源於賽局理論。簡單來說，就是指一個人的收益將是另一個人的損失）了。

以公司來說，員工參與會議或討論，大都是「因為是工作」、「主管叫我出席」而不得不去，因此參加者都比較被動。此外，很多時候，參與成員並沒有感受到會議本身的價值。所以，這時就算你說：「在預定時間內結束。」也只會讓大家覺得：「說到底，這場會議根本沒用。」而產生無法信賴的氣氛。

無法信賴的氣氛，會轉變成依賴心態，最終演變成被害者意識：「根本是浪費時間，我還是安靜聆聽就好。」就算內容再怎麼好，若參加者沒意識到自己也是參與成員的話，就沒有任何意義。

因此你要說：「無論提出多少意見，都可以。」讓對方感受到：「主持人很重視我們，也覺得我們的想法很重要。」進而認真對待會議，內心同時產生「可以盡情發言」的安全感，提升參加的意識。

這麼做能展現出主持人的氣度，讓對方支持你，站在你這一邊。

我們都希望能度過有意義的時間。因此，如果一開始就講明你相信參加者，目標是能開一場有效率的會議，那麼大家也會集中精神，考慮如何有效的運用時間，充分發揮成本效益（cost performance）與時間效益（time performance）了。

瞬間改變氣氛的對話技術

不能因為急著結束，而忽略討論品質。

✕ 想在預定時間內結束，需要大家多配合。

○ 讓我們有效的利用有限時間吧。

◎ 無論提出多少意見都可以。我們一定能在時間內達成目標。

26 談話最後，不強迫分享

我們不能獨自背負在預定時間內結束會議的任務，若把精神都集中在這一點，會降低討論品質。

儘管如此，在會議或講座上，很多人都會用宛如命令的口氣說：「只剩十分鐘就結束了。最後請每個人發言兩分鐘吧。」再加上把時間切分得很細，就會讓聽者感覺自己被迫做事。

這份感受越強烈，人越有可能反抗。就像我們在學生時代，功課快寫完時，媽媽突然一句：「快做功課！」反而讓你頓時不想繼續寫。

反過來說，如果能恰好掌握對方的心情，**大家會自己控制時間**。

比起強迫他人分享來度過剩餘時間，不如提早結束會議，「雖然還剩十分鐘，就提早結束吧！」

不過，既然還有十分鐘，不妨有效利用這段時間，重點是「從自己開始」，以及「各說一句話」。你可以說：「剩餘十分鐘非常寶貴，我們要不要輪流發言作為結尾？」

這套方法在主持人、引導師業界裡，被稱為 check out，能率先發言，會讓人感覺心情舒暢。參加成員在時間內結束對談，透過 check out 獲得的滿足感，這些良好感受都會留在記憶裡。

瞬間改變氣氛的對話技術

用不強迫的方式來結束會議。

✕ 只剩十分鐘，最後請每人各發言兩分鐘。

○ 還剩十分鐘，就提早結束吧。

◎ 剩下十分鐘很寶貴，最後請大家輪流發言，來結束會議。

27 討論沒進展，如何推動進度

發現討論沒辦法按照計畫進行，但又必須在剩餘時間裡完成所有任務時，任誰都會很緊張、焦慮。這時候「中途鬆懈」會拖累大家，這是在無法推動進展時，向全體人員襲來的感受。

儘管知道時間一分一秒的過去，但因感覺疲累，所以不自覺鬆懈，或因前面很努力的決定了諸多事項，所以心情放鬆下來、失去緊張感而沒注意時間。還有一種情況是意見分歧，導致會議進度卡在原地⋯⋯。

假設碰到這類狀況，該怎麼做才能重整狀態？

首先，要避免說：「時間不多了。」、「時間越來越少。」就算把理所當然的話說出口，要大家加快動作，也不會這麼容易改變中途鬆懈而渙散的氣氛。就算對眾人大喊一句：「太鬆懈了！」結果也一樣，反而讓大家更抗拒開口。

這時你可以說：「前三十分鐘，我們達成了A和B，接下來三十分鐘，讓我們努力做出結論吧！」藉由告知時間與成果，讓大家找回注意力並抱持客觀的態度。

這就像在**模仿實況轉播中，讓觀眾提升集中力的實況主播**。

「目前得分是八比三十。在得分前是〇對二十，現在該隊獲得八分，仍有追上敵隊的機會，剩下時間還有二十九分鐘……。」主播會像這樣回顧到目前為止的比賽過程，並正確的報導剩餘時間。這麼一來，解說員也能解說比賽的作戰策略：「如果A選手能踢進球門……。」

這個招數主要分成三個步驟：

1. 到目前為止完成的事項（對進展的認知）。
2. 客觀看待現狀。
3. 目標（再度確認目標）。

這個方法除了能用在會議上，也可以運用於確認企劃案的進展、技術指導訓練等各種場合。只要用這招，就能讓會議順利進行。

還有一個很有效的方法，是詢問和確認，讓對方把討論的內容當成是自己的事看待，「大家覺得目前的狀況如何？三十分鐘裡達成哪些事？我們的目標是什麼？為了達成目標，我們要怎麼利用剩下的三十分鐘？」

如此一來，參加者會主動思考。蘇聯的心理學家布盧瑪・蔡加尼克（Bluma Wulfovna Zeigarnik）曾說，人腦有「蔡加尼克效應」——一直處於不明白的狀態時，人們為了盡快脫離該狀態，會不斷的尋找解答。因此我們要靠提問，來引發這樣的效果。

此外，**抱持希望，正面且陽光的表達，同樣有效**。舉例來說，「剩下二十分鐘了，相信剩下的兩件檢討事項，也能進行的很順利！」

像這樣轉播實況，告知剩餘時間，就能讓大家守時，也能防止中途鬆懈。這個技巧能讓大家保持笑容，並在時間內達成目標。

瞬間改變氣氛的對話技術

告知剩餘時間，以提升效率。

✕ 時間不多了。

○ 在這三十分鐘裡，我們達成了A和B，接下來三十分鐘，讓我們努力做出結論吧。

28 人被逼到極限，就會冒出好點子

創造新點子並非易事。有時候就算自由且徹底的討論，也想不出令人眼睛一亮「就是這個！」的點子，就算列出幾個候補選項，也沒有滿意的答案。

然而，時間一分一秒的流逝，假如這時心裡只想「趕快總結」的人，就會不經大腦的說：「今天差不多就到這邊了。」

實際上，這句話等於放棄找出共識，因此絕對不能輕易說出口。如果反覆說這種話，參加者的士氣便越來越低迷。我把這種狀況稱為「習慣性無力感」，請盡量避免讓氣氛變成這樣。

反過來說，如果常常把希望掛在嘴邊：「明天一定會比今天更好。」那麼幸福預感會在心裡扎根，我把這種狀況稱為「習慣性效能感」。

說話正向、總抱有希望的人，成功率就越高，我相信一定有很多人同意這點。

希望各位都能激勵參與成員發揮創意、投入希望與精力，像是「今天感覺還不錯。要不要再堅持一下？」等。

我們時不時聽到一種說法是，人在被逼到極限時，就會冒出好點子。所以，就算是短時間內得出的簡單結論，也請試著用正向語句說出口，或許會帶來意想不到效果。

瞬間改變氣氛的對話技術

堅持到最後，就會冒出好想法。

✕ 今天就先這樣吧。

○ 今天感覺還不錯，要不要再堅持一下？

29 有人離題，溫和的中斷對方

大家自由且踴躍的發言，是非常棒的事，但有時候有些人會因講得太開心而離題，導致最後說的內容跟主題沒有關係。

尤其是很會說話或職位較高的人，一旦開啟了高談闊論模式，就像脫軌的電車橫衝直撞一樣，把會談變成一個人的獨奏會。

雖說要把話題拉回來，但總不能直白的講：「我們似乎離題了。」否則就像在好不容易變熱烈的氣氛上澆冷水。

除此之外，發言者很可能因此對你抱有敵意。

這個時候，不妨試著這樣說：「不好意思，這個話題能否先停在這裡？因為您剛剛說到的重點跟下次主題有關，謝謝您的意見。」既不擾亂當下氣氛，還能阻止對方繼續說下去。

主要步驟如下：

1. 用「不好意思」作為緩衝。
2. 面帶笑容的說：「能否先停在這裡？」和緩中斷對方的話。
3. 「這個重點跟之後的會議有關」表現出尊重他的發言，並拉回主題。

這麼一來，就可以守住發言人的立場，也不會擾亂周圍的人。「用爽朗的笑容，溫和的中斷對方」——若能養成這個習慣，就能自由自在的轉換場面了。

瞬間改變氣氛的對話技術

有人離題，要溫和的中斷他。

✕（在對方講了一大串話之後）我們離題了。

〇不好意思，能否先停在這裡？因為這個重點跟下次主題有關，謝謝您的意見。

30 每隔一個階段，拉回大家專注力

如果腦子都在想著必須在時間內完成要做的事，有時候會忽略周遭狀態。不過，要是一直觀察、留意大家的狀況，反而會給人一種自以為是的印象。舉例來說，看開會成員沒有任何反應，於是說：「到此為止都沒有問題。我們接著討論下一個主題。」

這樣的說法太過事務性，會讓參加的人疏遠你。若要拉近你和他們的距離，可以試著這樣問：「進行到這裡，大家都懂了嗎？」

這是尊重他人意願的態度，比起一個人自顧自的說完想說的，要好多了，但**「大家懂了嗎？」**、**「還可以嗎？」等說法，帶點責備意味**，因此我不是很推薦。更好的說法是「到目前為止的內容，大家記在心裡了嗎？」

對方聽到你這麼說，不僅會因受到尊重而滿足，也會在心裡回顧到目前為止的討論內容。也就是說，會增加大家參與的意識。

我曾參加一場座談會，每當講師問：「記在心裡了嗎？」時，我都在腦中回應他，因此一直有種和講師交流的感覺。這句話在氣氛僵硬，眾人沒有反應時也可以使用。

瞬間改變氣氛的對話技術

使用尊重對方的確認方式，來提升專注力。

✕ 到此為止都沒有問題。

△ 到此為止，大家都懂了嗎？

○ 到目前為止的內容，大家記在心裡了嗎？

冷靜一點。
真討厭你在那邊故作冷靜！
好可怕。

第五章

對立、爭執，一句話化解

討論好不容易變得熱烈，卻因意見分歧而出現對立。快吵起來時，該怎麼做？
要是自己遭到言語攻擊，又該怎麼辦？

31 討論變爭論，怎麼化解

當大家討論得越來越激動時，有時候會變成爭論。許多人堅持自己的意見，完全不肯妥協，甚至變得意氣用事，聽不進對方說的話。

為了緩和氣氛，有些人會勸道：「好了、好了，不要太激動，冷靜一點吧。」不過，這種話對於解決問題絲毫沒有幫助，反倒是火上加油，最壞的狀況就是讓人暴怒：「夠了，不要在那邊說有的沒的！」出現對立時，我們要誠懇的面對對方，並按照順序，一一解決問題。美國心理學家亞伯拉罕・馬斯洛（Abraham Harold Maslow）提出的五大需求層次理論，包括：生理需求、安全需求、社會性需求（愛與歸屬）、尊嚴及認知需求、自我實現需求。

最基本的需求是生理需求，再來是安全需求。人都渴望不會飢餓且安全的生活，但人是社會性動物，所以光是這樣，仍無法獲得滿足，因此就出現了社會性需求。想獲得他人的愛、想與人產生連繫，所以人類會建立家庭、歸屬於組織中，尋求並建立某種程度的連結。

也就是說，**當我們面對快吵起來的人時，可藉由滿足愛與歸屬的需求，作為應對**：「我們的目標是一樣的。正因每個人都很認真的思考，才會有各種意見。」

除了社會性需求（我們的目標是一樣的），這句話還滿足了尊嚴、認知的需求，因為傳遞出「因為你很認真，所以做出了這樣的意見」的訊息。

「正因很認真，所以有很多有熱忱的意見，產生了對立後，可以用不同的角度來檢討意見，產生摩擦與爭執是很正常和健全的事。」

如果能明確表示「任何一方的發言都很好」，並贊同對方的努力，就會賦予對立新的意義——為了討論出更好的結果，這是必要的事。後面可以加上「謝謝你這麼認真的提出意見」等感謝話語。如果能進一步讓眾人意識到「經過這次的爭論，我們更理解對方了」，會更好。

做到這些之後，原本陷入對立模式的人，也會想起大家都是同一艘船上的夥伴，接著看到照理說會因爭論而困擾的你（主持人），卻不慌不忙的緩解氣氛，還給予感謝，想必也會驚訝得冷靜下來，並對你抱有好感。

當你藉由一句話滿足他人愛與歸屬、尊嚴與認知等需求後，再暫停討論，進入休息時間，會是更聰明的做法。此外，我也很建議換座位，當大家冷靜下來，心情變得暢快之後，有時候對立模式也會因彼此坐得近，而轉變為友好模式。

瞬間改變氣氛的對話技術

對立，是讓大家團結的大好機會。

✕ 好了、好了，冷靜一點吧。

○ 我們的目標是一樣的。正因每個人都很認真的思考，才會有各式各樣的意見。

32 比較不同意見時，用代詞

就像業務部長和開發部長，不同立場的人的發言，很容易產生對立。此外，他們帶領的人也會讓對立更嚴重。因為他們背負各種立場與責任，因此無法讓步而產生分歧。

「小林和伊藤的意見，哪一個比較好？」

在討論時，把意見冠上發言人的名字，是很常見的錯誤。這麼做會製造出「小林v.s.伊藤」這種對立結構。

當意見冠上自己的名字後，人會變得無法讓步，這就是人的心理，所以絕對不能說出口。

想要冷靜的比較不同想法，最好的方式是把發言人和意見分開討論。部門代表人就不用說了，對於沒有頭銜的人，這個做法也非常有效。

你可以這樣說：「讓我們想一想，提案一和提案二的優點和缺點。」避開人名（小林和伊藤）或是立場（業務部和開發部），而用「提案一和提案二」、「A案和B案」等說法來比較，能使與會者立刻冷靜下來，客觀的檢討意見。

可以事先準備幾個中性用詞（沒有參雜偏好及自身評論標準），在必要的時候就會很方便。

- 「讓我們來檢討。」
- 「來看看吧！」
- 「我們來思考一下。」
- 「請提出大家的感想吧！」

在比較時，用各個提案的特徵作為提案名稱，會更有效果，「我們目前有兩個意見，是新商品開發案和提升銷售額提案。」除了能夠徹底區分要討論的事跟發言者，也能讓他人清楚知道這是怎樣的提案。接著把意見寫在白板上，就能更冷靜的思考了。

瞬間改變氣氛的對話技術

把人與意見分開，避免對立。

✕ 大家覺得小林和伊藤的意見，哪個好？

○ 讓我們想一想，提案一和提案二的優點和缺點。

33 用正面的話形容負面狀況

焦躁、爭執、大家各持己見，說話毫不顧忌……讓人困擾到忍不住怨嘆：「狀況有點混亂，真傷腦筋。」但若你把真心話說出來，只會讓其他人失望：「連你（主持人）都覺得傷腦筋了，那其他人要怎麼辦？」

想把這種危機化為轉機，就需要使用重新架構（reframing，以正向意圖來改變原本的感受或假設）。

你可以使用「正因為……」這類關鍵字。

例如，「正因為這個主題很重要，所以出現各種意見。」、「今天大家都很認真，所以才有這麼多不同的意見。」

關鍵字後面要加上陰影——問題點或有爭議的難題，然後把它轉換成光——正向說法。簡單來說，就是採取「陰影很深，是因為光很強烈」這樣的思考模式。再舉幾個例子：

- 「那個人很急性子（陰影），所以能很快下判斷、做決定（光）。」
- 「那個人做事動作很慢（陰影），是因為他思考得很深入（光）。」

在陷入混亂狀態時，不論是誰都會停止思考。想讓心理回到原本狀態時，不是選擇妥協，也不是逃避，而是檢視現狀，透過重新架構，人便會轉換想法、開始思考。你可能會疑惑：「這樣就好了嗎？」沒錯，這樣就可以了。

順帶一提，除了有人想吵架之外，在很多地方都能使用這個技巧，如開會時，希望主管能盡快做出決策，但不少主管卻拖拖拉拉的不把話說清楚，就可以使用重新架構。請務必試試看。

瞬間改變氣氛的對話技術

用重新架構，來轉變氣氛。

✕ 狀況有點混亂，真傷腦筋。

○ 正因為這個主題很重要，所以出現了各種意見。

專欄

成為 Yes, and 人

我在 Facilitation 學院，會告訴學員：「引導師，就是引導人們提出各種想法，並創造出大家都同意的意見。」有時候一邊磨合目標與真意，也能激發與會者提出不同的看法。

在這個過程中，重要的是使用 Yes, and。不是拒絕（No），而是接受（Yes），此外，在帶出眾人意見時，須注意不要變成 Yes, but。

Yes

一句話：「你的意見很珍貴（或其他說法）。」

意義：尊重、接受對方的意見。

就算到此為止很完美，也會因為連接詞不同（But或And），而有完全不同的意義。

But

一句話：「但我反對（或其他說法）。」
連接詞：但是、可是。
隱藏的含意：你錯了，你的意見沒有價值。
對方會產生的情緒：不信任、厭惡、警戒、反抗。
結果：產生對立氣氛。

And

一句話：「我是這樣想的，一起加油吧（或其他說法）！」

連接詞：如果是這樣的話、那麼、進一步來說。

隱藏的含意：我尊重你，我理解你。

對方會產生的情緒：肯定、喜悅、同理、好意。

結果：建設性的氣氛。

最一開始接受對方的意見的確很重要，但根據選擇的連接詞，對方會接收到完全不同的訊息。也就是說，在表達後面那一句話之前，就已經決定了給對方的印象。

不妨在日常生活中，開始練習 Yes, and。

例如看談話性節目時，就可以練習。對意見持反對想法時，也可以先回答 Yes，再說 and（這樣的話、那麼、進一步來說）。最後記得提出對討論有貢獻的正面意見。

34 用感謝回應攻擊

造成氣氛一觸即發、快要引發衝突，原因並不僅限於當事人對立而已。有時候就算不是討論的當事人，也可能會成為攻擊目標，而當人被攻擊時，基本上會出現以下反應：

- 逃避：「不是，我想說（找藉口）。」、「真是抱歉（用道歉來逃避）！」
- 反擊：「不是這樣（以否定為名的反擊）！」、責備對方或其他人。
- 定格：傻笑、沉默。

事實上，這些都是人受到攻擊時，為了保護自己所做出的反射性語言與態度。但這些反應往往會讓談話對象覺得遭受反擊，結果，一回神，無意義的紛爭就已經擴大了。

既然雙方都沒有惡意，為了避免不必要的衝突，我們可以先準備非反射性反應的說法，如「謝謝你講出難以開口的問題。」

這需要訓練，最好練到在語言上被攻擊時，可以下意識說出口的程度。

第一印象比什麼都重要。而且這是一句除了討論、會議之外，各種場合也都能使用的話語。

透過這句話，雙方都可以喘一口氣，避免無意義的舌戰。若能再用感謝的話語來包裝，效果就更好了，像是：

- 「你的意見，包含了很重要的重點！」
- 「你讓我們可以說出真心話，託你的福，我們的討論有更深的意義。」

對方的攻擊話語，卻被你定義成要點，不只如此，你還表達謝意，相信對方會因此放下高高舉起的拳頭（攻擊），甚至不知不覺牽起你的手（好好溝通）。

「再次感謝你有建設性的意見。」最後用「謝謝」來總結，對方就會成為你最大的支持者。在社會心理學，這就是「互惠法則」，只要我們表達感謝，對方也會反過來感謝我們。

瞬間改變氣氛的對話技術

用感謝來回應語言攻擊。

✕ 不是，我想說……。

○ 感謝你講出難以開口的問題。

35 有人犯了低級錯誤時

舉例來說，你被委任負責新產品發表會的專案小組，各個成員必須報告自己擔任的業務內容。

然而，這時某位負責人鐵青著臉說：「我忘記預約記者發表會的會場了……。」

如果放著不管，捅了簍子的人很有可能會受到眾人攻擊，那麼身為主持人的你，該怎麼介入這個狀況？

由於這是一個致命性的過失，恐怕所有成員都覺得：「居然犯這種錯誤！怎麼會有這種事？」如果你為大家的心情代言：「有點糟……。」、「不太妙……。」就像發出信號：「大家一起來追究他的責任」。

就算你不責備他，只是試圖理解犯錯的人，問：「你怎麼會忘記呢？」也無法改善現狀，只會增加對方的心理負擔，狀況可能因此變得更嚴重。

當你想不出什麼簡單的解決辦法時，我建議你從完全不同的角度，把氣氛帶往正面方向。

●接受現狀

「現在碰到的狀況確實是危機。」

問題剛發生時，沒人能馬上表現出非常正向的態度。最初階段不可欠缺的就是接受現狀，絕對不能逃避。無論發生什麼事，如果不直接面對，就無法迎來真正光明的未來。

●同理

「我可以理解你的心情。」

聽到有同理心的話語，犯錯者和周遭人的心理負擔也會變輕。接下來就是要準備轉變氣氛了。

●用正向說法

「或許這會成為一個契機，讓我們一起尋找更合適的會場！」

準備好之後，就要轉換視角了。碰到問題後，團體內的氣氛之所以委靡，是因為大家的目光都放在失敗上。其實，這時只要能展現出新視角，人就會自動的開始正面思考。

「這正好是個機會！因為……。」其中的**技巧是，儘管聽起來很刻意，也要用爽朗口氣說出來**，再轉換話題：「可以讓我們順便檢查是否漏掉其他部分，還是沒做好。」

不管發生什麼事，都要做好「我一定會做出正面的反應」的覺悟，例如：

- 「太好了！」
- 「狀況變有趣了！」
- 「危機就是轉機。」

這時候或許你會不安，不知道「因為……」這句話後面要接什麼。請放心，當你把正向話語說出來後，腦海裡意外的就浮出點子了。這麼做之後，氣氛自然明朗起來，點子本身就不再那麼重要，大家都會接受，並繼續往前進。

這在一對一對談時，也十分有效果。

犯錯或失敗的人，嘴裡一定會反覆說著反省或後悔的話。

假設，部屬因犯錯而沮喪，主管要想辦法挽回情況，畢竟沒時間讓部屬一直後悔。為了能盡快讓對方展開下一步，主管要使用正向語言來鼓勵他：「哎呀，這下變有趣了，接下來才是重頭戲！」

實際上，這個例子是我年輕時發生的失敗談。當時我忘了預約記者發表會的會場，主管把我叫到一個小房間，說：

「恭喜你！這是一個很好的經驗，讓我們能成長。當然，這也是很大的危機，所以，接下來你一定要盡最大的努力，想辦法解決。我希望你可以好好的利用這個體驗來學習。」

他開頭說的「恭喜你」給了我振作的力量。

包含重大危機在內，若我們無論在什麼時候都能享受其中，就可以改變狀況。這也是解決危機的祕訣。

瞬間改變氣氛的對話技術

改變視角，是擺脫危機的第一步。

✕ 有點糟喔。

〇 的確碰到了危機，我懂你的心情。不過，這不是正好嗎？因為……。

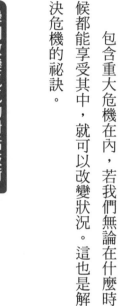

真討厭！
我絕不原諒那個人！
害我哭不停。
該怎麼辦才好？

第六章

怎麼對付那些刻意擾亂的人

會議、面談、座談會、講座或者是閒聊……無論在什麼場合、面對什麼群體，都會出現擾亂氣氛的人。

36 出現麻煩人物時

「那個人有點難搞耶！」

「這個人真的很麻煩……。」

儘管我們都知道不能帶著偏見評判他人，但往往會下意識這麼做。身處某個團體內，或許不是只有你覺得某人很難搞，而是多數人都這麼想。麻煩的是，當我們這樣想時，當事人可能也感受到了，這讓他更難相處，不斷的在言語上與人衝突。

如果對方說太多傲慢的話，會讓其他人忍不住敷衍：「好啦，總之就是這樣，對吧？」

這句話本身並沒有什麼不好，卻會讓對方察覺你真正的想法：「可不可以停止？」、「這個人怎麼這麼麻煩」，結果對方為了獲得認同，會更賣力的說服你。

在遇到麻煩人物時，就靠一些能緩和對方心情的話來應對。方法之一是在對話中，找出可以成為要點的部分並重複。

例如，某麻煩人物說：「因為我大學時代加入橄欖球隊……。」你可以試著把焦點放在這個部分：「原來你大學時代踢過橄欖球！」

這個人之所以刻意提及這件事，是因為大學時代的橄欖球**對他來說是很重要的事**。如果你重複這點，對方便認為：「你認真聽我說話，你很尊重我。」情緒便逐漸緩和下來。這麼做的話，他就不會感覺很差，也會更積極的參與討論。

不過我們要如何判斷對這個人來說，哪些是他的關鍵字？

對於初次見面的人，在會議中，自我介紹就是很好的提示。你一定可以從中找到一、兩個「他應該認為這件事很重要」的話語。

各位可以把這幾個方向當成線索，試著找出關鍵字。

- 特定人物：母親、公司的同事、朋友、女兒。

- 具體場所：到〇〇出差、在〇〇飯店、在〇〇剪頭髮。
- 具體時間：在〇月〇日前必須完成的資料、今天〇點之前要回到家、下星期〇要去醫院。
- 對方頻繁說出的話題：身體狀況、很忙。

基本上就是**在對方把話說出口後，立刻跟著說一遍**。這樣一來，你不必記住對方提的內容，也能讓他感覺你很認真傾聽。只要知道「這是很重要的關鍵字」，就可以在對話的空檔加入這句話。

或許你會想：「只要重複就好了嗎？」沒錯，這就像精油芳療一樣，只要使用，就會漸漸出現效果。

瞬間改變氣氛的對話技術

留意麻煩人物的關鍵字，然後重複。

✕ 好啦，總之就是這樣，對吧。

○ 原來你大學時代踢過橄欖球啊。

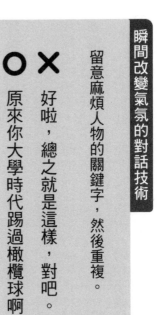

37 一開口就說個沒完的人

會談上，總是同一個人在講話，或特定幾位成員在發表意見。雖說積極發言的人，很讓人感激，但如果太超過的話，其他人便很難分享想法，或讓周圍的人對發言者產生依賴心態，漸漸不思考。

在這種時候，必須想出一些對策，讓發言者停止發言，避免會談成為他的個人發表會。

如果不讓他表達想法或選擇無視，發言者因無法滿足需求，反倒增加他的發言或離題的機率。這時的最佳應對方式，是持續傳遞「我很認真聽你說話」的訊號，讓他滿足。

「原來如此，原來是這樣。」附和法雖然在短期有效果，但如果只用這招，不只發言的人，就連其他參加的人也會不滿。

請記住，除了附和，「積極稱讚對方說的話，讓其他人願意跟著表達」是很重要的引導方式。發言，是對全體有貢獻的行為，其他人如果能實際感受到這一點，也會想開口分享。

「謝謝你的意見。」當對方願意傳遞某些訊息時，你要先表達謝意。

若想進一步提升當下的氣氛，可以使用「**感謝＋因為對方而獲得某種成果**」句型，如：「謝謝。託你的福，我們想到很好的點子！」此外，要盡量具體描述成果，以前面的例子來說，就是「想到很好的點子」。

藉由認同、肯定對方的話，（因為他的關係）而獲得某種結果或使狀況變好，對方就會停止高談闊論。類似的說法，還有：

「因為您剛才的一席話，我想講講我想到的點子。」

「您的話讓我想起這件事！」

面對負面發言，應對方式基本上也一樣：

「感謝你特地說出真心話。」

「謝謝你鼓起勇氣說出難以啟齒的話！」

想活絡氣氛，絕對不能讓大家對自己的發言後悔。

「多虧自己，大家得到了一個很好的結論」，若與會者能這麼想，一定會覺得很驕傲，產生成為英雄般的心情。在這之後，發言這個行為就會被視為寶物，讓他人想跟著分享。

想讓會談上說個沒完的人停止發言，就試著用「感謝＋因為對方而獲得某種成果」句型，最後再說一次感謝，來制止對方吧。

瞬間改變氣氛的對話技術

「感謝＋因為對方而獲得某種成果」句型，能避免會談成為某人的個人分享會。

✕ 原來是這樣啊。

△ 謝謝你的意見。

○ 謝謝，託你的福，我想到了好的點子。

38 剛講過的事，又有人問

某些人會發出不合時宜的言論，讓人忍不住翻白眼：「現在幹嘛講這個？」比方說，某企劃案的期限快要到了，且難度也很高，必須趕快分配好工作。該企劃案的領導人正迅速且詳細的說明流程。

好不容易決定了日期和工作，沒想到會議一結束，卻有人問：「這個企劃案的目的是什麼？」這時空氣瞬間凝結，眾人陷入沉默，內心不斷冒出「事到如今，為什麼要問這個？」、「現在大家都這麼忙……。」等想法。

也許發問者是真的不知道或忘了答案，但主持人由於步調被擾亂，又或出現意料之外的狀況，通常當下會很強烈的反應：「我們剛才已經說過了吧！」

不過，這樣的回應會顯得自己的度量很小，不僅讓發問者感到困惑，也會**製造出一種團隊全員在霸凌他的氣氛**。除此之外，以下做法也不太妙：

- 立刻回應，完全不願花時間在對方身上。
- 對發問者表現焦躁、憤怒。
- 閃爍言詞、不正面回答問題或嘲笑對方。

發問者即使感到不好意思，仍鼓起勇氣提問，其實這是相當需要能量的行為。所以，如果你能在這個時候用一句話來鋪陳：「謝謝你。這點很重要，讓我們重新複習一下。」不僅可解決發問者的疑問，還能安撫其他人的情緒，就不會讓氣氛變糟。

單憑主持人或引導者的應對，就能實現發問者和團隊全員的雙贏局面——全員感受到自己受到重視，團隊合作自然更順利。

瞬間改變氣氛的對話技術

面對不合時宜的問題，只要用一點心，反而能加快之後的進展速度。

✕ 這個我們剛才說過了……。

〇 謝謝你。這是很重要的部分，讓我們重新複習一下。

39 有人刻意找碴

有些飯店在應對奧客的工作指南上寫道：「讓客人說出：『就是這樣！』」也就是說，面對來抱怨的對象時，**別解釋我方的立場與理由，要同理對方的主張**。

不光只是顧客和企業之間會出現客訴。在討論企劃案、開會時，有時候也會出現像這樣的意見：「你只聽大家怎麼說，根本無法有效率的進行會議。到底能不能在時間內得出結論？真令人不安！」或是出現像奧客的發言：「你或許覺得自己公平的對待眾人意見，但你根本不知道這個問題有多嚴重！」

就算是對方誤解或會錯意，我們不可以一開始就帶入先入為主的觀念。

「以我的立場來說……」，拚命主張自己的正當性，說明自己沒有錯，等於在對方的不滿上火上加油，進而產生對立。

但「道歉並修正」這種立刻應對、企圖圓場的做法，也不會平息對方的情緒。

我們首先要做的是，客觀分析對方抱怨的理由，讓他冷靜下來。做法是，**重複對方的主張，盡可能去同理他**。「原來，因為我一直聽大家的意見，無法更有效率的進行會議，讓你感到不安。」

站在對方的立場，整理當下發生什麼狀況、出了什麼問題，為何讓對方困擾。這時請不要加入自己的情緒或想法，而是像拍照片一樣，淡然的記錄一切。

這麼一來，當對方說「就是這樣！」時，就表示他已冷靜下來，能好好對話了。

為了讓對方說出這句話，如果你能努力的把纏繞在一起的結解開，那麼對方就會說：「對，沒錯！」接著，若你再進一步詢問，對方很可能會表示：「其實我沒有否定到那個程度。」並展現願意配合的態度。

我認為會抱怨的人都很有熱誠，這代表他很認真，對團隊來說是重要的人。

瞬間改變氣氛的對話技術

不解釋我方的立場與理由，反而要重複對方的話。

✕ 真抱歉，對我來說……。

○（重複對方說的）真的讓人覺得很困擾。

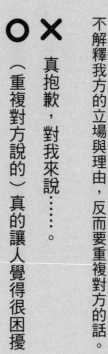

40 讚美他人，用「我」開頭

有些人不知是謙虛還是害羞，不太擅長接受別人的誇獎。當遇到有人對他說：「你好厲害。」他總回答：「沒有啦！」

在一些談溝通技巧的書籍中，針對這類人提供受到稱讚時的應對方式：「獲得他人讚賞時，向對方道謝。」

但被讚美的人能否坦率的接受稱讚話語，其中原因並非出在自己身上（謙虛或害羞）。以我多年來的考察，讚揚的人也有問題。

「你真的很棒，非常優秀。」當有人對你這麼說時，會有什麼感覺？

有人認為這是很空泛、膚淺的稱讚，嘴上說好聽而已；有人覺得這是一種上對下的評價，很可能因此產生警戒心。

實際上，在很多溝通的場合中，稱讚是為了換取東西而使用。說得更清楚一點，就是人們企圖以誇讚，換取對方接受某些要求。

尤其是把「你」當主詞的訊息，會讓對方認為你（稱讚者）是為了交易，而給予評價、讚美。

因此，我建議想讚賞某人時，用「我」來當主詞，**謙虛的傳達主觀**感受，如「我因為你而獲得很多力量。」、「我更有精神了！」、「我好感動！」

這套技巧有一個有名的例子：在二〇〇一年的大相撲比賽，橫綱（按：相撲力士的最高級資格）貴乃花忍著傷獲得優勝，當時的首相小泉純一郎在頒發儀式內閣總理大臣杯上，就說了：「我好感動！」

短短的一句話，充分傳達了他的情緒。

瞬間改變氣氛的對話技術

用「我」當主詞，對方更願意接受讚美。

✕ 你真的很棒，非常優秀。

○ 我因為你而得到很多力量。

41 讓對方主動說出煩惱

美國社會心理學家庫爾特・勒溫（Kurt Zadek Lewin）因提倡「異地會議」（Offsite Meeting）而為人所知。

異地會議是指離開會議室等地點（site），不拘泥於職稱與角色，以個人身分來對話，來活化組織、促進團隊合作。最近，一對一會議也被認為有相同的效果而獲得企業重視並採用。

若有成員遇到煩惱，陷入困境時，我們能說什麼來引導他行動？接下來，我會介紹一些有用的一句話。

面對很明顯在煩惱的人，絕對不能問 Why，包括：「為什麼會這麼想？」、「為什麼會煩惱？」、「為什麼你這麼消沉？」、「為何提不起幹勁？」因為這會讓他們感覺自己被責備。這也是有人會說：「Why 會讓人封閉內心」的原因。

這時應**使用 What，讓對方願意說出煩惱**，你不需要有邏輯的探求原因，只要鼓勵他說出煩惱的來龍去脈就好。**光是說自己的故事，就有療癒效果**。

另外，人在聽或說故事時很容易投射情感，因此說者和聽者會產生活在同一個故事裡的感覺，讓當下成為一個令人安心、感到安全的空間，在這裡不會受到評價或判斷，而是產生同感，所以讓人容易講出心裡話。

在以前，許多人會利用下班後一起去居酒屋時，追問：「能告訴我，你會這麼想的契機是什麼嗎？」或在公司裡，藉由轉換說話場合，「要不要去抽根菸？」和對方深入對談，就是應用了這種方法。

在對方說出自己的故事之後，請確認他想要達到（變成）什麼狀態。如果他希望脫離負面循環，變得更正向，說：「我想做這個工作！」，就代表這是他最理想的目標了。就算只想「心情更輕鬆一點」也可以，一樣是很了不起的目標。

當人陷入煩惱時，會忘記理想或目標，所以只要讓他重新意識到這一點，就能改善氣氛。

據說，松下電器（Panasonic）創辦人松下幸之助，在確認企劃案的預算和日程後，一定會連著名字詢問對方目標：「〇〇想要怎麼做呢？」

而人資公司瑞可利（Recruit）會讓部屬闡述欲達成的目標，最後追問一句：「那你想要怎麼做？」這已經是他們知名的企業文化了。

只要改變說法，談話對象就不會覺得自己被迫分享或受到責備，甚至主動談起自身的事。

瞬間改變氣氛的對話技術

面對正在煩惱的人，不能問為什麼。

✕ 為什麼你會這麼想呢？

〇 你可以告訴我，這樣想的理由是什麼嗎？

專欄

在附和之後多加一句話

我希望各位在附和之後，能加上一句本書介紹的「一句話」。至於要加上哪一句話，會因為不同的場合而不同，但只要是能透漏出「感嘆、同理、代為發言、感想」的話語，就可帶出對方的活力、笑容和創意。

要注意，絕對不要像在念稿子一樣，說話時要抑揚頓挫，也就是說，重要的是要把情緒傳達給對方。

- 感嘆：附和，然後有朝氣的講出「這樣啊！」、「太厲害了！」等。
- 同理：附和，接著語氣平緩的說「辛苦你了……」、「好有趣喔」等。
- 代為發言：附和，配合對方講：「真幸運！」、「冒了一身冷汗！」

42 故意說些喪氣話

沒人可以永遠保持完美，毫無破綻。

有些人可能因過敏而身體不適；照顧孩子或照護年老的爸媽，而逐漸疲憊；老是為了人際關係而煩惱……不論是誰，在狀況不好、無法打起精神時，其實周圍的人都感受得到。

不過問題是，自己的狀態明顯不佳時，**很有可能讓成員困擾，拖累大家**。

接下來我要介紹在這個狀態時，可以有效利用的一些話語。

首先，要避免說：「雖然有點辛苦，不過我會加油！」因為，就算你強迫自己打起精神，也只是虛張聲勢而已。既然如此，那還不如坦承自身狀況：「我昨天有點睡眠不足……。」你可以笑著、假裝不經意的把話說出來，接著加上這句：「不過發了牢騷後，比較能打起精神了。」

假如狀況真的很糟，是連牢騷或抱怨都說不出來的。**在陷入這樣的狀態之前，先講點喪氣話，讓自己重新站起來**。這也會製造出種可以打開心房的氣氛，使大家產生同理心。

瞬間改變氣氛的對話技術

故意講喪氣話，讓自己重新站起來。

✕ 雖然有點辛苦，不過我會加油的！

○ 昨天我有點睡眠不足……不過發了牢騷後，好像比較能打起精神了。

43 怎麼討論都沒共識時

就算是再好的意見，有時候討論到最後，也不見得會被採用。

舉例來說，某團隊有A、B兩種優秀提案。但由於只能選一個，因此團隊決定採用B案，這是團隊最後達成的共識，並非是誰的獨斷偏見。

為了實行B案，團隊成員必須一起努力。所以，為了避免支持A案的人拒絕合作：「我不想做。」就要在達成共識的階段，讓大家都能接受結果。

有一個方法叫「建立共識」（consensus building），是希望適當的建立社會性共識或團隊共識時所用。

從政策和公共規則、公司的企劃案項目，到結婚典禮的進行步驟、家族旅行的計畫等各領域中，其實都需要建立共識，整合四分五散的意見，讓眾人有一致的認知。各種討論，也可說是小型的建立共識會議。

建立共識的做法有很多種，市面上也販售相關的書籍，從中可推論，「建立共識不可或缺的，是相互理解」。

尤其對於希望自己可以被人了解的人而言，這是非常重要的事。我在前文提過很多次同理、共鳴，這些都是在告訴大家，要頻繁的向談話對象送出**「我了解你」的訊號**。

接下來，我們先假設一種情況：伊藤充滿熱忱的提案，卻沒有獲得採用。那麼，我們可以怎麼安慰伊藤呢？

「你剛才的提案真的很棒。」這種法是對伊藤的提案做評價（好／不好）。而且，無論你怎麼稱讚，對方也會覺得：「但終究沒被採用……。」

因此，我們要脫離意見，把焦點放在伊藤的想法和熱誠上，例如：「我可以感受到伊藤提出這個提案的想法。」

基本上，人都**希望自己的想法能獲得認同，為此向團隊盡一份心力**。

這也是為什麼我們要跳脫提案，來思考伊藤的感受，同理他，與他共鳴。如果能充分做到這點，伊藤就能為團隊出力。

當人覺得「對方體會我的感受」時，就會打開心胸。

接下來，我要分享我的經驗。我還是公司職員時，大概一年會擔任一次大型會議的主持人。由於公司規模很大，擁有很多子公司，所以年度會議聚集了各子公司代表，向總公司報告未來一年的方針。

不過子公司代表提出來的，大多數與其說是意見，不如說是不滿與抱怨。

儘管身為主持人，但我畢竟是隸屬總公司，所以每年重複出現「總公司要向子公司辯解」的會議環節，總讓我十分痛苦。而且，最終也沒有找出任何解決策略就結束會議了。

直到某年，我決定無論出現什麼意見，都要接受它。無論是抱怨或反對意見，都要認真傾聽，不找藉口。

雖然我沒辦法接受「改變總公司的體系」這樣的要求，不過我持續表示：「我無法接受你的要求，不過可以了解你背後的感受。」我除了使出本書中介紹的所有方法，其餘時間基本上就是「傾聽」。

會議持續多天，會場氣氛變得越來越好。由於我不斷表示「我理解、我懂」，對方也開始展現出「我也要試著了解你」的態度。
這麼一來，各子公司代表都在思考，最後大家一起想出解決問題的對策。
在所有會議結束後，同事忍不住問：「你到底怎麼做到的？」
我說：「我只是一邊回：『我懂！』一邊點頭而已。」

瞬間改變氣氛的對話技術

先展現出「我懂」的態度，才能創造出相互理解的氣氛。

✕ 這個提案有點……。

△ 這個提案還不錯……。

○ 我感受到伊藤會提出這個提案的想法。

後記
人與話語共生

你心裡有鼓勵自己的話語嗎？

我的導師曾說：「我之所以能撐過艱難辛苦的人生，走到今天，全是因為母親說：『要抱著自尊心活下去。』」

支持我們走下去、重新振作起來、拯救內心的一句話……度過漫長的人生後，就會發現有一些話一直陪伴我們。

在本書介紹的每一句話中，都乘載著我的回憶——透過一些話改善會議氣氛；因說錯話，而搞砸會議或被人討厭；只是換句話說，就能提升團隊合作……這些回憶對我來說，就是我的人生。

若書中的任何技巧，能為大家接下來的人生有所幫助，就是我最大的榮幸。

國家圖書館出版品預行編目（CIP）資料

瞬間改變氣氛的對話技術：冷場、爭執、對立、找碴、說不停、離題、無共識……怎麼讓場面回暖，產生有結論的溝通？／中島崇學著；郭凡嘉譯 . -- 初版 . -- 臺北市：大是文化有限公司 , 2024.11
192 面 ; 14.8×21 公分 .--（Think：283）
譯自：一流ファシリテーターの空気を変えるすごいひと言

ISBN 978-626-7539-37-8（平裝）

1. CST：職場成功法　2. CST：人際關係
3. CST：溝通技巧

494.35　113013196

Think 283

瞬間改變氣氛的對話技術

冷場、爭執、對立、找碴、說不停、離題、無共識……
怎麼讓場面回暖，產生有結論的溝通？

作　　者／中島崇學
譯　　者／郭凡嘉
責任編輯／陳竑悳
校對編輯／劉宗德
副總編輯／顏惠君
總 編 輯／吳依瑋
發 行 人／徐仲秋
會計部｜主辦會計／許鳳雪、助理／李秀娟
版權部｜經理／郝麗珍、主任／劉宗德
行銷業務部｜業務經理／留婉茹、行銷企劃／黃于晴、專員／馬絮盈
　　　　　　助理／連玉、林祐豐
行銷、業務與網路書店總監／林裕安
總 經 理／陳絜吾

出 版 者／大是文化有限公司
臺北市 100 衡陽路 7 號 8 樓
編輯部電話：（02）23757911
購書相關資訊請洽：（02）23757911 分機 122
24 小時讀者服務傳真：（02）23756999
讀者服務 E-mail：dscsms28@gmail.com
郵政劃撥帳號：19983366　戶名：大是文化有限公司

香港發行／豐達出版發行有限公司
Rich Publishing & Distribution Ltd
香港柴灣永泰道 70 號柴灣工業城第 2 期 1805 室
Unit 1805, Ph.2, Chai Wan Ind City, 70 Wing Tai Rd, Chai Wan, Hong Kong
Tel：21726513　Fax：21724355
E-mail：cary@subseasy.com.hk

封面設計／林雯瑛　內頁排版／邱介惠　印刷／鴻霖印刷傳媒股份有限公司
出版日期／2024年11月初版
定　　價／新臺幣 390 元
I S B N／978-626-7539-37-8
電子書 ISBN／9786267539330（PDF）
　　　　　　9786267539347（EPUB）
